도그 워칭

개에 관한 모든 것

도그 워칭

개에 관한 모든 것

데즈먼드 모리스 지음   홍수원 옮김

DOG WATCHING

두레

차례

머리말

인류의 역사를 돌이켜 볼 때 사람들의 집안을 마음대로 드나들 수 있는 짐승은 단 두 종류 뿐이었다. 고양이와 개. 사실 고대에는 가축들이 밤에 탈 없이 지내도록 집 안에 들여놓는 일이 종종 있었으나 그럴 때는 보통 우리에 넣거나 밧줄로 묶어 놓았다. 시간이 흐른 뒤에는 사람들이 꽤 다양한 품종의 애완견을 집에서 기르게 되었다. 예를 들면, 어항이나 새장, 소형 사육장 등에서 물고기나 새, 파충류를 길렀으나 모두 유리나 철사, 창살 등으로 가두어 사람들과는 차단했다. 오직 고양이와 개만이 사람 사는 집 안의 이 방 저 방을 어슬렁거리거나 집 안팎을 거의 제 마음대로 드나들 수 있었다. 사람들은 이 두 동물과 특별한 관계를 맺고 있다. 즉, 아주 특별하고 오래된 약정을 맺고, 그대로 지켜 오고 있다.

딱하게도 이런 조건이 파기되는 경우가 종종 있는데, 깨뜨리는 쪽은 거의 언제나 사람이다. 그런 면에서 고양이와 개가 사람보다 더 충직하고 믿음직스러우며 의지할 수 있다고 생각하는 것은 맞는 판단이다. 아주 드물게 개나 고양이가 사람에게 달려들어 할퀴거나 깨물고 도망쳐서 돌아오지 않기도 하지만, 그런 일의 뒷사정을 가만히 살펴보면 대개 그 원인은 사람들의 어리석음이나 잔인함에 있다. 대부분의 시간 동안 두 동물은 사람들과 맺은 오랜 약정의 한쪽 당사자 구실을 흔들림 없이 지킴으로써 그런 구실에 소홀한 사람들의 행태를 부끄럽게 만든다.

사람과 개 사이에 이 약정이 작성된 건 1만 년도 넘었다. 이 약정이 문서로 만들어졌다면 이런 내용이었을 것이다. "개가 사람을 위해 특정한 역할을 해 준다면 그 대가로 사람은 음식과 물, 거처를 제공하며 반려자로서 돌보아 준다." 사람들이 개에게 요구하는 역할은 많으면서도 다양하다. 집을 지키고, 사람들을 보호하며, 사냥을 돕고, 사람 주변에 기생하는 해로운 동물을 없애며, 썰매도 끈다. 그리고 훈련을 통해 조금 더 특수한 역할들을 수행하기도 한다. 예를 들면, 새알을 모아 깨뜨리지 않고 입에 물어 오고, 고급 버섯을 찾아내며, 공항에서 마약을 탐지하거나 시각장애인에게 길을 인도해 주고, 눈사태로 파묻힌 사람들을 구조하며, 도망 다니는 범죄자를 추적한다. 또한 경주에 나가거나 우주여행에 나서기도 하며, 영화에 출연하고, 애완견 대회에 나가 재주를 뽐내며 쇼를 보여 주기도 한다.

충실한 개가 가끔 뜻하지 않게 잔혹해지면서 사람처럼 잔인하게 행동할 때도 있다. 오늘날 사람들은 '전쟁터의 개'라고 하면 용병, 즉 특수한 무기로 상대를 죽이거나 상처를 입히면서 사나이다운 스릴을 즐긴다는 사람들을 떠올린다. 그러나 본래 용병은 적군의 일선을 공격하도록 훈련받은 진짜 개였다. 예컨대, 셰익스피어는 (그의 작품에서) 전투용 개의 잔인함을 말할 때 마크 안토니오로 하여금 "약탈하라, 전투용 개를 풀어놔라"라고 외치게 했다. 고대 갈리아족은 예리한 칼을 빽빽하게 꽂은 묵직한 목걸이를 개의 목에 씌워 적진으로 보내는 식으로 앙갚음했다. 이런 무장을 갖춘 무시무시한 개들이 로마 기병대 속에서 이리저리 내달리고 날뛰면서 기병대를 태운 말의 다리를 갈가리 찢어 놓았다.

유감스럽지만 이런 싸움개는 오늘날 아직도 우리 주변에 남아 있다. 공식적으로는 불법이지만 특수한 훈련을 받은 개들 사이에 싸움을 붙이는 투견은 도박의 핑곗거리이자, 인간 사회의 잔인성을 드러내는 야만적인 오락거리로 남아 있다. 이런 투견은 지하로 숨어들어 비밀리에 행해질 수밖에 없게 되었으나 절대 사라지지는 않을 것이다.

동양의 몇몇 나라에서는 개고기를 별미로 생각한다. 그렇다고 대단한 진미 축에 드는 것은 아니어서 이 고기를 찾는 사람들은 점차 줄고 있다. 개고기를 즐기는 풍습이 가장 널리 퍼진 곳은 중국이다. 중국에서는 식용견의 이름이 음식이라는 의미의 속어인 '차우'와 같다. 그러나 다른 지역에서는 대부분 개가 식용보다 한층 더 쓸모 있는 역할을 많이 하므로 개고기로 도살되는 위험에서 벗어나 있다.

사람 사는 사회에서 개가 큰 인기를 끌다 보니, 달갑잖은 부작용도 나타났다. 떠돌이 개의 숫자가 늘어나는 것도 그중 하나이다. 몇몇 나라에서는 이 넘쳐나는 개들이 '질병이 들끓는 쓰레기 더미를 뒤지는 더러운 동물'이라는 이미지로 굳어져 모든 개에게 오명을 씌웠다. 특히 중동 지역에서는 유기견 때문에 개와 사람 사이의 우정이 개를 혐오하는 감정으로 바뀌었다. 몇몇 종교에서는 교의敎義상으로 개를 '불결한' 존재로 규정했다. 그 이후 오랜 세월이 흐르면서 개라는 용어는 경멸을 나타내는 말들, 즉 비열한 놈dirty dog, 불량배filthy cur, 투견pit-dog, 못난 놈dogsbody 등의 단어에 쓰이게 되었다. 오늘날에도 어린 시절부터 개를 멸시하는 오랜 전통을 그대로 따라 배우는 곳들이 있다. 이런 모습이 가장 두드러지게 남아 있는 곳은 이슬람교 문화권이다. 학교에서 재교육으로 이런 인식을 바꾸는 일은 매우 힘든 일이었다.

서방세계에서는 바람직한 방향으로 개선되고 있다. 처음에 개들이 담당했던 일들이 날이 갈수록 꼭 필요하지 않게 되면서 개들은 새로운 역할을 맡았다. 사역견使役犬이 주로 반려견으로 대체되었다. 사실 옛날 방식의 일을 하는 개들이 여전히 많이 남아 있긴 하지만 지금은 '반려견'이라는 이름의 개가 훨씬 더 많다. 이런 현상은 도심과 도시 주변 인구의 확산, 그리고 대도시의 증가와 밀접하게 연관되어 있다. 즉, 사역견이 할 일이 거의 없어졌다. 그러나 사람과 개 사이의 유대가 워낙 끈끈한 탓에 사람의 일상생활에서 개라는 요소를 완전히 배제하는 건 상상하기 어렵다. 그 결과 산업혁명 이후 개량된 새 품종이 많이 늘어났다. 또한 혈통의 표준

도 마련되고, 애완견 전시회도 열렸다. 혈통 있는 품종의 반려견 경연회도 큰 사업 거리가 되었다.

동시에 수천 종의 잡종견도 계속 등장했다. 그저 충실하고 친근한 반려견을 원하는 개 주인들은 (전문적으로) 혈통 좋은 품종을 경멸하는 경우가 종종 있다. 이들은 그런 품종이 너무 인위적으로 개량되면서 특유의 모습과 특성이 걱정스러울 만큼 극단화되었고, 또한 동종 교배로 태어났기 때문에 다루기가 힘들 것이라고 비판한다. 그러나 품종이 뛰어난 개로 개량하는 사람들은 이런 비판을 받아들이지 않았다. 이들은 그 대신 값비싸고 한정된 개들만이 필요한 만큼의 보살핌을 받고 있다고 주장한다. 이들은 잡종개를 키우는 사람들이 화근을 만들어 개를 버려두고 돌보지 않아 결국 떠돌이 개가 되게 만들고, 공공장소를 더럽혀 개에게 오명을 씌운다고 본다. 또한 모든 개가 훌륭한 혈통을 자랑한다면 개를 싫어하는 감정이 사그라지면서 사회가 모든 반려견을 값진 대상으로 받아들일 것이라고 주장한다.

양쪽 주장에는 저마다 어느 정도 진실이 담겨 있다. 혈통이 있는 일부 품종은 개량이 지나쳐 요즘 들어 정기적으로 질병에 시달리고 있다. 다리가 아주 짧고 허리가 굉장히 긴 품종은 추간판(디스크) 탈출에 시달리기 쉽다. 얼굴이 납작한 품종은 호흡 곤란을 일으킨다. 그 밖의 다른 품종은 눈이나 엉덩이에 이상이 생긴다. 이런 의심스러운 품종 개량에 관여해 온 사람들은 품종의 인기가 떨어질 것을 걱정해 오랜 기간에 걸쳐 계속 악화하고 있음에도 개량에서 오는 결점에 대해 입을 다물고 있다. 지나친 품종 개량(과장)이 더 심한 과장을 낳는 식으로 계속 증폭되는 최근의 추세는 딱할 지경이다. 예를 들면, 불과 100년 전만 해도 불도그bulldog는 다리가 비교적 긴 개였고, 닥스훈트종은 허리가 요즘보다 훨씬 짧았다. 이처럼 겉모습이 좀 더 '기품 있게' 개량된 개에게는 심각한 후유증이 나타났는데, 불도그와 닥스훈트는 그런 두 가지 사례에 불과하다. 이런 품종이나 다른 개를—최소한 얼마간이라도—몇백 년 전으로 되돌려 사역

견 본래의 모습으로 활동할 수 있게끔 만드는 것은 어려운 일이 아닐 것이다. 그럴 때 이들 품
종은 타고난 매력을 조금도 잃지 않으면서 건강과 체력을 크게 회복할 것이다. 이런 방식으로
혈통견의 세계는 간단히 문제를 해결하고 정상화할 수 있다.

잡종견 쪽은 문제가 더 많다. 잡종견을 기르는 수많은 사람이 사실 엄청나게 배려하고 관
심을 기울이면서 보살피지만 이런 품종은 상업적인 값어치가 대단찮은 탓에 함부로 대하는
일도 잦다. 또한 새끼가 여러 마리 태어나면 값싸게 팔거나 나눠 주고, 나머지는 제대로 돌보

지 않거나 버리는 경우가 종종 있다. 미국동물학대방지협회ASPCA는 해마다 유기견 2만 마리를 받아 보호하고 있다(1985년에 받아들인 유기견 숫자는 19,901마리). 런던에 있는 영국동물보호소Battersea Dog's Home는 해마다 유기견 1만 마리를 보호하고 있다(1985년의 통계로는 10,889마리로, 이 중 76%는 잡종견이었다). 이 중 새 주인을 만나 보호소를 떠나는 개도 많지만, 안락사의 운명을 피하지 못하는 개가 더 많다. 예를 들면, 미국동물학대방지협회는 보호하는 유기견의 4분의 3 정도가 해마다 안락사당하고, 영국에서는 날마다 죽음을 맞이야 할 개의 숫자가 2천 마리에 이르는 것으로 추산한다. 어떤 직접적인 대처로 이런 상황을 바꿀 방법을 찾기는 어렵다. 동물 복지에 대한 사회의 전반적인 태도가 개선되는 것만이 앞으로 희망을 걸 수 있는 유일한 방안이다.

개가 겪어야 할 고난은 또 있다. 그 많은 '사람의 공격성과 과학적 탐구심'의 대상 역할을 해야 한다. 개로 살아간다는 것은 이 두 가지 고통을 감수해야 한다는 뜻이다. 본래 사람은 자신의 공격성을 자기보다 지위가 낮은 사람에게 드러내는 것으로 악명이 높다. 사장이 보좌진을 모욕하면 보좌진은 자기 아랫사람들에게 고함을 지르고, 그 아랫사람들은 또 그 아래쪽으로 화를 풀고, 이렇게 계속 내려가면 결국 사회 계층 사다리의 맨 아래쪽에 있는 사람에게까지 그 화가 미치게 된다. 그런데 그곳에 바로 사람을 믿는 개가 앉아 있다. 개를 발로 차고 때릴 때, 이렇게 개를 학대하는 이유가 상사가 내뱉은 몇 마디 말에서 비롯되었을지도 모른다는 사실을 알아채기란 쉽지 않다. 대수롭지 않은 몇 마디 말이 아래쪽으로 내려가면서 더욱 거칠어지고, 마침내 깨갱거리는 개의 고통으로 끝나고 만다. 이런 과정을 거쳐 개에게 돌아간 화풀이 중에는 어디에서 시작된 것인지 알 수 없는 경우가 많다. 영국 왕립동물학대방지협회RSPCA에 따르면 영국에서만 개를 잔인하게 다룬다는 고발이 해마다 약 4만 건이나 들어온다고 한다.

이에 못지않게 믿기 어려운 사실은 과학 연구라는 이름으로 벌어지는 일부의 학대 행위이다. 개와 맺은 오랜 친교 계약을 깨뜨릴 때 사람들은 개가 겪는 고통이 인류의 학식을 넓히는 데 도움이 된다는 구실을 내세운다. 이처럼 사람들은 같은 '무리'의 일원으로 생각하고 사람을 믿고 의지하는 개들의 신뢰를 저버리면서도 그들을 탐구한 연구보고서를 펴내는 것으로 그런 배신을 정당화한다. 개는 오랫동안 고통을 겪어 왔지만 이런 개를 대상으로 진행된 온갖 괴로운 실험은 거의 대부분 현실적으로 학문의 깊이를 더하는 데 기여하지 못했다. 생리학과 의학, 동물학이 발전하던 초기에는 습득한 지식에서 가치를 조금 찾을 수 있었으나 오늘날에는 그런 경우가 드

물다. 개가 평화롭게 살도록 그냥 내버려 두는 것이 좋지만 그런 기대를 하기는 어렵다.

이 책을 쓰게 된 첫 번째 목적은 여기에 있다. 이 책에서는 직접 관찰하는 대상이 되는 개들에게 아무런 해를 끼치지 않는 단순한 관찰 중심의 실험을 통해, 이들 남다른 동물을 놀라울 정도로 세세하게 이해하고 그 진가를 파악할 수 있다는 사실을 입증하고자 했다. 개는 우리 사람들에게 무척이나 많은 것을 베푼다. 놀고 싶을 때는 장난스러운 친구가 되어 주고, 혼자 외롭거나 침울할 때는 사랑스러운 친구 구실을 한다. 또 산책하자고 보챔으로써 건강에 도움을 주는 친구가 되고, 흥분하거나 걱정 또는 긴장할 때는 마음을 진정시켜 주는 동무가 된다. 또한 집에 외부 사람이 침입하면 주인에게 경고해 주고, 공격을 받지 않도록 보호해 주는 오랜 역할을 여전히 수행하고 있다. 이것은 사역견으로서 감당했던 역할 중 아직도 남아 있는 유일한 두 가지 역할이다.

개를 몹시 싫어하는 정서적으로 불안정한 사람들은 많은 것을 놓치고 있다. 또한 개에 별다른 관심이 없는 사람은 서로 엄청난 보답을 주고받는 사람과 개 사이의 관계를 헤아리지 못한다. 이런 사람들은 이 책의 내용을 무시할 것이 거의 확실한 만큼, 한 가지 흥미로운 사실도 알지 못할 것이다. 개(나 고양이)를 기르는 사람은 그렇지 않은 사람보다 평균적으로 오래 산다는 점 말이다. 이것은 개를 보호하자는 캠페인성 판타지 같은 이야기가 아니다. 붙임성이 좋은 애완동물을 길러 평소 마음을 잘 진정시키면 혈압이 떨어져 심장마비의 위험도 줄어든다는 건 단순한 의학적 사실이다. 고양이를 쓰다듬고 개를 가볍게 두드려 주거나 털이 많은 애완동물을 끌어안다 보면 긴장이 풀리게 되는데, 이런 점은 오늘날 사람들이 시달리는 여러 가지 문화병의 근원에 직접적인 영향을 미친다. 사람들은 대부분 현대 도시에서 분주하게 생활하면서 지나치게 많은 긴장과 스트레스에 시달린다. 즉, 문제가 자주 복잡하게 꼬이고, 광범위한 모순되는 타협이 요구되기도 한다. 이와 대조적으로 애완견이나 애완 고양이와 다정하게 놀다 보

면, 소용돌이처럼 핑핑 돌아가는 이른바 선진문명의 일상적 환경 속에서도 소박하고 천진난만
한 마음으로 돌아갈 수 있음을 알게 된다.

　　안타깝게도 애완동물에게서 도움을 받는 사람들조차 개가 실제로 얼마나 매력적인 동물인
지를 제대로 알지 못한다. 우리 모두에게 너무나 익숙해서 당연하게 생각되는 것부터 시작하
는 것이 좋겠다. 먼저, 개에 관해 이런 질문을 던져 보는 것이 어떨까? 개의 코는 얼마나 예민
한가? 개는 색깔을 구분할 수 있을까? 길을 잃은 개는 어떤 식으로 집을 찾아올까? 개는 사람

을 맞이할 때 왜 꼬리를 흔들까? 개는 왜 그렇게 기이한 성생활을 할까? 이런 의문을 던지면 사람들은 종종 답을 찾을 생각은 하지 않고 어깨를 한번 으쓱하고는 다른 문제로 관심을 돌려 버린다. 주의 깊게 살펴보면, 개를 다룬 일반적인 책들이 가장 기본적인 문제들은 건너뛰고 그 대신 몸단장과 먹이 주기, 동물병원 진료, 현존하는 수백 종의 애완견 특성을 구별하는 문제 따위를 집중적으로 다룬다는 것을 알 수 있다. 물론 이런 것도 모두 쓸모 있는 정보이다. 그러 나 그래도 여전히 왜 어떤 개는 다른 개보다 더 으르렁거리며, 왜 모든 개가 요란하게 짖어 대 고, 또 개들이 보이는 일반적인 행태는 어디에서 기인하는 것인지 등이 궁금하다. 그래서 나는 이런 핵심적인 의문에 짤막하고 단순하게 해답을 들려주고자 한다. 책을 이렇게 문답 형식으 로 구성함으로써 독자들이 반려견과 관계를 맺어 가는 과정에서 부딪히는 문제들을 풀어 나가 는 데 이 책을 활용할 수 있기를 바란다. 아울러 이 책을 한번 훑어보면 외출했다가 집에 돌아 와 현관문을 열고 들어섰을 때 펄쩍펄쩍 뛰면서 반기는 진화의 최종단계에 이른 반려견을 한 층 깊이 있게 이해하게 될 것이다.

개

　개는 우리에게 왜 그토록 특별할까? 사람을 제외한 4,236종(현재는 약 5,400종 – 옮긴이)의 포유류 중에서 개가 사람과 가장 가까운 친구로 꼽히는 것은 개의 어떤 특성 때문일까? 이런 의문에 대해 다음과 같은 대답을 들으면 고개를 갸웃하는 사람도 있을 것이다. '사람과 가장 가까운 친구'가 사실은 개라는 모습을 한 늑대이기 때문이다. 사람과 개 사이의 깊은 유대를 이해하는 열쇠 또한 늑대의 특성에서 찾을 수 있다.

　우리 주변에는 온갖 개들이 사람과 더불어 산다. 꾀죄죄한 잡종 개부터 화려한 애견전시회

에서 우승컵을 들어 올린 반려견에 이르기까지, 몸에 진드기가 많은 불결한 유기견에서부터 화려한 족보를 자랑하는 혈통 있는 개에 이르기까지, 또 자그마한 치와와부터 몸집 큰 그레이트데인에 이르기까지 모두가 길들어진 늑대에 불과하다는 사실을 선뜻 받아들이기는 어렵다.

야생 늑대가 등장하는 공포 이야기가 오래도록 널리 전해지고 읽혔으므로 개가 길들어진 늑대라는 사실은 사람들을 꽤 혼란스럽게 한다. 이런 이야기 속에는 사나운 늑대, 사람을 잡아먹는 늑대, 늑대 인간, 몸집이 큰 못된 늑대들이 등장한다. 따라서 지난 수십 년 동안 현대의 객관적인 조사 연구가 진행되어 그 실상이 밝혀질 때까지는 이 당당한 동물을 친절하게 불러 주는 표현을 어디에서도 찾아보기 어려웠다. 따라서 쾌활하고 순진한 자그마한 개가 양탄자 위에 앉아서 큼직하고 상냥한 눈으로 주인을 올려다보고 있는데, 이런 개가 사실은 힘센 늑대와 같은 종이라고 한다면 누가 선뜻 믿을까?

이런 사실을 곧바로 부인한다고 해서 그 사람을 탓하기도 어렵다. 그러나 이런 점은 인정하고 들어가야 한다. 사실이기 때문에 받아들여야 한다는 단순한 차원에서만이 아니다. 애완견의 행태를 제대로 이해하기 위해서는, 그리고 원숭이나 곰, 너구리 대신 개가 사람에게 가장 가까운 친구가 된 이유를 올바르게 이해하기 위해서도 늑대가 개의 옛 조상이라는 사실을 인정해야만 한다는 것이다.

늑대의 생태를 살펴보기 전에 개가 늑대와 같은 종이라는 사실을 정면으로 부인하는 몇몇 주장을 살펴보자.

집에서 기르는 개는 체형과 몸집, 색깔이 너무 다르기 때문에 늑대와 같은 종으로 볼 수 없다는 주장부터 알아보자. 그런 의문을 가질 수 있다. 하지만 형태상의 다양성이 워낙 크긴 하지만 이런 다양성은 겉보기일 뿐이다. 개는 어떤 품종이건 교배를 통해 생식능력이 있는 새끼를 낳을 수 있다. 품종 간의 교배로 태어난 개는 유전상의 차이가 너무 미세하기 때문에 생물

학적 차원에서 (개라고 하는) 종에서 분리해 낼 수 없다. 그레이트데인 암컷이 굉장한 암내를 풍겨 치와와 수컷이 발정을 일으켰다고 가정해 보자. 그리고 치와와 수컷으로부터 채취한 정액 샘플을 암컷인 그레이트데인에게 인공 수정시키면 그레이트데인은 새끼를 배고 또 낳게 된다. 현재까지 알려진 바로는 품종이 다른 두 개가 유전적으로 맞지 않은 경우는 없다. 또한 집에서 기르는 개를 야생 늑대와 교배시키는 데도 아무런 문제가 없다. 여기서도 생식능력이 있는 새끼를 낳을 수 있다.

　이처럼 겉모습은 전혀 다르더라도 모든 개는 생물학적으로 같은 종이다. 체중 약 135kg의

세인트버나드는 몸집이 아주 작은 요크셔테리어 무게의 300배쯤 되고, 그레이트데인이 서 있을 때 어깨까지의 높이 약 1m는 요크셔테리어 키의 10배를 웃돌지만, 한 꺼풀만 벗기고 보면 모두 형제나 다름이 없다.

몸집이 아주 작은 개를 키워 본 사람이라면 이런 사실을 확인할 수 있을 것이다. 이런 개들은 몸집은 작아도 속으로는 자신이 힘센 늑대의 일종이라는 것을 완벽히 알고 그에 맞게 행동한다. 그래서 집배원을 보면 자신들의 영역으로 접근한다고 여겨 큰 소리로 짖거나 낮은 소리로 으르렁거리며 이런 경계를 당연한 것으로 생각한다. 작고 여리게 생긴 개도 때로는 요란하게 짖는데, 이는 개의 잘못이 아니다. 작은 개가 공원에서 덩치 큰 개를 만나면 비슷한 반응을 보인다. 작은 개는 자신이 다 큰 어른 개라는 사실을 알고 있기에, 그 개는 '내가 왜 짖는 것을 자제해야 해?'라고 생각한다.

큰 개들은 작은 개들의 이런 행동을 보면 때때로 당혹스러워하며, 또 조그만 개들이 떼를 지어 공격하면 점잖게 물러서기도 한다. 덩치 큰 개의 주인은 자기 개가 겁을 먹고 비겁하게 행동한다며 언짢게 생각하는데, 이는 개의 행태를 잘못 해석한 것이다. 덩치 큰 개는 작은 개를 겁내지 않는다. 큰 개들이 자신에게 달려드는 개가 몸집이 작으면 그 개를 '강아지'로 취급해 버리는 게 문제다. 큰 개들에게는 강아지를 공격하는 것이 깨서는 안 될 금기사항처럼 되어 있는데, 강아지로 취급되는 이런 개들이 강아지처럼 행동하지 않으니 큰 개들이 당혹스러운 반응을 보이는 것이다.

미국에 4천만 마리, 영국에 600만 마리, 그 밖의 세계 여러 나라에 수백만 마리의 개가 산다. 그런데 이 개들이 모두 같은 종이라면 어떻게 겉모습이 그토록 달라질 수 있었을까? 그 이유는 개가 가축으로서 사람과 함께 아주 오랫동안 살아오면서 충분한 시간에 걸쳐 육종관리를 통해 진화했기 때문이다. 그 과정에서 까다롭고 지나치게 예민하거나 공격적인 개체가 제거되

면서 개는 어려 보이고 쾌활하며 조용하고 순종적인 동물로 바뀌었다. 또한 빠른 속도로 목표물을 추격하는 개가 필요할 땐 다리는 길어지고 몸집은 날렵해졌다. 족제비 같은 동물을 추적해 '땅속으로 파고들 수 있는' 개가 필요할 때는 다리가 짧아지도록 품종이 개량되었다. 또 무릎에 올려놓을 수 있는 작은 애완견으로 품종이 개량된 개는 계속 몸집이 작아져 손으로 집어 쉽사리 옮길 수 있게 되었다. 이런 변화는 모두 선택적 육종 방식으로 이뤄졌다. 예를 들면, 어떤 품종의 몸집을 작게 만드는 일은 어렵지 않다. 한배 새끼 중에서 가장 작은 새끼를 골라 계속 번식시키면 된다. 이렇게 몇 세대가 지나면 처음보다 몸집이 훨씬 작은 개를 얻을 수 있다.

최근 들어 애견전시회에 출전시키기 위해 '순수' 혈통견 수백 종이 등장했고, 혈통의 기준도 확정되었다. 이에 따라 공인된 6개 주요 혈통견은 사냥개, 하운드, 사역견, 테리어, 애완용 작은개, 실용견이다.

사냥개는 포인터, 세터, 리트리버 같은 개로, 사냥꾼을 따라 다니면서 사냥감을 찾아내고 몰고 찾아오는 구실을 한다. 하운드는 사람들이 말을 타거나 걸어서 뒤쫓는 사냥감을 찾아내 잡는 일을 거든다. 폭스하운드는 몸이 날래 말 탄 사냥꾼을 따라다니는 데 알맞다. 바셋 하운드는 선택적 육종으로 다리가 짧게 개량되어 도보 사냥꾼과 보조를 맞출 수 있다. 블러드하운드 같은 일부 사냥개는 후각에 따라 움직이는가 하면, 그레이하운드 같은 사냥개는 뛰어난 시각에 의존해 움직인다.

사역견으로는 경비견, 양치기 개, 그리고 썰매를 끄는 허스키 종처럼 특별한 역할을 하는 개들이 포함된다. 테리어 종은 쥐나 족제비 같은 조그만 동물을 잡는 구실을 한다. 이런 개는 오소리나 여우, 토끼 따위를 뒤쫓기에 알맞게끔 다리가 짧은 것이 보통이다. 이런 개는 또 꿩장히 끈질기고 자립심이 강해서, 혼자서도 사냥감을 잘 쫓고 지킨다. 처음부터 이런 목적을 위해 육종된 것이다.

조그만 애완용 개는 다루기 쉽게끔 몸집을 작게 개량한 일종의 난쟁이 품종이다. 몰티즈와 페키니즈 같은 몇몇 애완견은 부유하고 유력한 사람들이 좋아하는 고급 품종으로, 역사가 오래되었다. 이런 개는 수백 년 동안 특정한 구실을 하게끔 개량되었다. 귀족적인 배경을 지닌 품종이기 때문에 사역이나 일반적인 역할은 하지 못한다. 실용견은 이런 엘리트 개와는 거리가 멀다. 요즘엔 실용견이 애완견과 전시용 품종으로 굳어졌지만 얼마 전만 해도 사역견 구실을 했다. 이런 개로는 달마티안과 불도그, 라사압소 같은 다양한 품종이 있다. 달마티안은 주인의 마차와 함께 번개처럼 달릴 수 있도록 개량된 마차견이고, 불도그는 초기 황소 골리기 대회에서 황소에게 사납게 달려들도록 개량된 품종이고, 라사압소는 티베트의 라싸에 있는 거대한 달라이라마 궁전에 침투하려는 사람을 발견하면 경고를 보내는 것이 본래의 역할이었다. 이제는 이런 역할들이 역사 속으로 사라졌지만, 그런 역할을 감당했던 개는 '실용견'이라는 현실적인 이름을 달고 그대로 살아남았다.

이런 귀족풍의 개 외에도 잡종견이나 야생견도 많다. 당국의 추산에 따르면 오늘날 이런 종류의 개가 전 세계에 1억 5천만 마리나 있다고 한다. 일부는 수백 년 전에 이미 야생 생활로 돌아갔는데, 그 대표적인 예가 오스트레일리아의 딩고와 뉴기니의 노래하는 개이다. 그 밖의 다른 개들은 최근에 야생화하거나 유기되어 야생견 무리에 끼어들어 사람들이 버린 먹을거리를 찾아다니며 연명하고 있다. 이러한 두 부류의 개들은 사람과 같이 살도록 길들었으나 용케 야생 환경에 다시 적응할 수 있었다. 이들은 서로 번식하면서 독립적으로 살아갈 수 있는 야생견 무리가 되었다. 세 번째 부류는 길을 잃고 헤매는 떠돌이들로, 간신히 살아가기는 하지만 아직 개 사회의 활발한 일원으로 자리를 잡지는 못한 개들이다. 마지막으로 많은 사랑을 받는 잡종 애완견이 있다. 이런 애완견 주인들은 자신이 돌보는 잡종 애완견이 '제멋대로 자란 혈통견'보다 낫다고 적극 옹호한다. 이들은 잡종개가 대대로 내려온 개 본래의 모습에 훨씬 가깝기

때문에 혈통견보다 오래 살고, 신체적 결함이 훨씬 적으며, 질병을 더 쉽사리 이겨내고, 품성이 한층 안정적이어서 신경이 덜 예민하고, 공격성이 훨씬 적다고 주장한다. 또한 잡종개는 혼혈에서 오는 활력 때문에 특유의 강인함을 갖고 있으며, 병에 걸려도 쉽게 회복된다고 말한다. 잡종개를 이처럼 옹호하고 나선 것은 칭찬할 만한 일이지만, 혈통견들 대부분은 이런 주장이 억울할 수 있다. 사실 현대의 모든 개가 조상 본래의 형태와 상당히 비슷하기 때문이다. 겉모습과 색깔, 몸집이 어떻게 생겼든 간에 모든 개는 한 꺼풀만 벗기면 늑대이고, 이런 사실은 사람에게는 다행인 셈이다.

집개의 유래에 대해서는 세 가지 이론이 있다. 하나는 '연결고리 상실'을 상정하는 이론이다. 이 이론은 오늘날의 딩고와 비슷하게 생긴 고대 야생 견종이 집개들을 낳았는데, 훗날 이

야생 견종이 고대 인류의 손에 절멸되었다고 주장한다. 동물을 기르고 관리한다는 측면에서는 그럴 수 있을 법하다. 일단 어떤 품종이 육종 과정을 통해 '개량'되면 그 과정에 관여한 사람들은 오염을 막기 위해 '개량되지 않은' 야생 친족들을 모두 제거하기 때문이다. 또 길들인 개도 야생으로 돌아가 야생의 무리 속에서 번식하기 시작하면 전 세계적으로 비슷한 개의 모습으로 되돌아간다. 오스트레일리아의 딩고와 뉴기니의 노래하는 개, 아시아의 파이, 중동 지역의 파

리아, 그리고 아메리카 인디언의 개는 모두 골격과 일반적인 겉모습이 비슷하다. 마치 지금은 멸종된 그들의 옛 조상 모습이 어떠했는지를 보여 주려는 것 같다. 그럼에도 연결고리 상실이론은 더는 폭넓은 호응을 얻지 못하고 있다.

두 번째 이론은 개를 두 야생종에서 생긴 각기 다른 품종으로 본다. 즉, 어떤 개는 늑대 자손이고, 어떤 개는 자칼의 자손이라고 본다. 이런 견해는 콘라트 로렌츠가 저서 『인간, 개를 만나다』에서 내세워 널리 퍼졌지만, 나중에 나온 연구 결과를 통해 이런 '이중 태생설'은 근거가 없는 것으로 밝혀졌다. 자칼을 면밀하게 연구한 결과 자칼은 개뿐만 아니라 늑대와도 전혀 다르다는 사실이 드러났다. 그와 동시에 늑대를 조사해 보니 개와 거의 모든 면에서 놀랄 만큼 유사한 것으로 밝혀졌다.

현재 일반적으로 인정을 받는 세 번째 이론은 오늘날의 모든 집개가 8천 년과 1만 2천 년 사이의 기간에 한 가지 야생종에서 태어났다고 주장한다. 그건 바로 늑대다. 지난 수십 년 동안에 이뤄진 면밀한 해부학 및 생태학적 조사 연구 결과도 그 같은 사실을 확인시켜 주면서 이러한 결론은 이제 이론의 여지가 없는 듯하다. 그러나 한 가지 뚜렷한 의문이 남는다. 왜 야생 개는 늑대 같은 형태로 되돌아가지 못할까? 이런 의문은 개로 개량된 늑대의 종류를 오해한 데서 비롯되었다. 오늘날 영화나 동물원에서 보는 늑대는 북부 결빙지역에 사는 늑대들, 즉 러시아와 스칸디나비아, 캐나다의 회색늑대다. 이 늑대는 몸집이 크고 온몸이 두꺼운 털로 뒤덮여 있다. 이는 늑대의 본래 서식지 중에서도 가장 추운 지역에 적응해야 했기 때문이다. 개가 이런 늑대에서 진화했을 가능성은 희박하다. 그 대신 몸집이 더 작고, 체격이 덜 다부지며, 털이 덜 빽빽한 아시아 늑대에서 진화했을 가능성이 크다. 아시아 늑대의 서식지는 일반적으로 따뜻한 지역이다. 아시아 늑대는 체격과 겉모습이 오늘날의 들개와 흡사해 들개의 완벽한 조상임을 보여 준다.

　야생 늑대 무리를 현장에서 관찰해 보면 이 '약탈적 괴물'의 진면목에 관해 많은 것을 알 수 있다. 늑대는 잔인한 동물이기는커녕, 무리 안에서 서로 상당한 수준의 자제력을 발휘하고, 무리 안에 위계질서가 잘 잡혀 있으며, 서로 돕는 인상적인 사회조직을 갖추고 있다. 또 서로 건강하게 경쟁을 하면서도 사냥이나 방어, 새끼 양육과 같은 몇몇 역할에서는 적극적으로 협동함으로써 균형을 잘 이루고 있다. 성년이 된 늑대는 자기 새끼가 아니더라도 어린 늑대를 돌보는 데 힘을 보태고, 무리 안에서 서로 싸우는 일이 거의 없다.

　초기의 인류와 늑대가 사회생활 면에서 이처럼 많이 닮은 모습이 있어 두 집단 사이에 긴

밀한 유대관계로 이어진 것이 분명하다. 늑대와 사람은 '무리 지어' 사는 식으로 집단 서식지의 안전을 꾀했다. 또한 서식지 한가운데에 본거지를 만들어 그곳을 중심으로 먹이를 찾아 나섰다. 늑대와 사람은 자신보다 몸집이 큰 먹이를 사냥하게 되면서 협동심을 발휘하게 되었다. 또 사냥할 때에는 포위와 매복, 기습과 같은 교묘한 술책을 사용했다. 사람과 늑대는 암수 간에 애정을 쌓고, 새끼와 어린 자식을 집단에서 함께 돌봤다. 양쪽 모두 또 얼굴 표정과 자세, 몸짓을 포함한 복잡한 신체 신호 체계를 갖췄다.

이처럼 늑대와 사람의 생활방식이 비슷했기 때문에 선사시대 인류가 늑대와 처음 접촉할 때에는 분명 서로가 경쟁 관계였을 것이다. 사람들은 힘이 없는 새끼 늑대를 마을로 잡아 와 느긋하게 별미로 즐겨 먹었을 법하다. 그러나 어떤 때는 어린아이들의 장난감으로 마을 안에 새끼 늑대를 풀어놓았다. 새끼 늑대는 성장 과정에서 '사회화'하는 특별한 과정을 거치기 때문에 어릴 때 사람 손에 잡혀 온 새끼 늑대들은 자라면서 자신이 늑대가 아니라 사람 무리에 속한다고 생각했을 것이다. 그에 따라 새끼 늑대가 다 크면 자연스럽게 경비견이 되어, 밤에 누군가 마을로 접근하면 예민한 귀를 쫑긋 세운 채 경보를 울렸다. 또 주인을 따라 사냥길에 나서서 예민한 후각으로 주인보다 먼저 사냥감을 찾아냈을 것이다. 아주 어리석은 사람이 아니라면 개의 이런 값진 능력을 알아채고, 다른 잠재능력도 알아보았을 것이다. 그에 따라 사람들은 산 채로 잡은 새끼 늑대를 모두 먹지 않고, 일부는 마을 안에 살게 하고 번식시키기까지 했다. 그러나 사람들은 너무 사납거나 겁이 많은 새끼는 곧바로 잡아먹었을 것이다. 그렇지 않은 나머지 늑대는 사람과 어울려 사는 동반자 또는 공생자가 되었다.

그 이후 수백 년의 세월이 흐르면서 초기 늑대형 개는 겉모습에서 변화가 조금 있긴 했으나 비교적 바뀌지 않은 모습으로 남았다. 각각의 동물 개체를 식별하기 쉽도록 사람들은 검은색이나 흰색, 또는 반점이 있거나 얼룩덜룩한 무늬를 띠고 태어나는 것을 반겼지만, 선사시대 인류의 동반자였던 개에게 그 이상의 변형을 바라는 압박은 거의 없었던 것 같다.

나중에 농업이 시작되고 재산 보호의 중요성이 점차 커지면서 사냥개와 몰이용 개처럼 경비견도 특정한 구실을 하는 개가 되었다. 그러나 오늘날과 같이 수백 종의 개가 등장한 것은 까마득한 뒷날의 일이었다. 지난 수백 년 동안 매우 선택적인 품종 개량이 엄청나게 촉진된 결과 이런 다양한 개가 나타났다. 중세 유럽에는 서로 다른 종류의 개가 10여 종에 불과했고, 이들 개는 각각 중요한 역할을 수행했다.

개 품종은 산업혁명이 시작되면서부터 폭발적으로 늘어났다. 산업혁명이 (직접·간접적으로)

개 수요를 크게 웃돌게 하는 상황을 만들어 냈다. 지금까지 해 오던 역할이 사라지면서 쓰임새가 없어졌거나, 황소 사냥, 오소리 사냥, 또는 개싸움 같은 잔인한 오락에 개를 동원하지 못하게 금지하자 애견가들은 개를 위한 새로운 역할을 찾아내야 했다. 18세기에는 술집에서 '가장 뛰어난 개'를 선발하는 경연대회가 열렸고, 19세기에는 명확한 심사기준을 갖춘 본격적인 애견대회가 열렸다. 이런 대회에 왕실까지 참여하면서 혈통 있는 개의 품종 개량과 사육, 전시 활동이 이내 최고조에 이르렀다.

도시가 팽창하면서 애완견과 반려견 사육이 갑자기 활기를 띠게 되었다. 이런 반려견이 도시 생활 속에서 전원생활의 향수를 달래 주는 구실을 했기 때문이다. 개를 데리고 공원을 산책하는 것은 어지러운 도시 생활에서 헤어나지 못하는 사람들에게 전원풍의 맛을 느끼게 해 주는 마지막 즐거움이 되었다. 도로가 온통 포석으로 뒤덮이고, 벽돌과 회반죽으로 지은 건물이 즐비한 생활환경에서 자연 세계를 조금이라도 접하고 싶다는 사람들의 욕구는 매우 강렬했는데, 개가 이런 욕구를 충족시켜주는 데 큰 도움이 되었다. 오늘날도 마찬가지다.

개는 왜 짖을까?

개가 사람을 보고 짖으면 사람을 위협하는 것으로 흔히들 생각하기 쉬운데, 이는 잘못된 생각이다. 그냥 보기에는 상대를 딱 겨냥해 시끄럽게 짖어 대는 것 같아서 그런 오해를 하기 쉽다. 개가 짖는 것은 그 개가 속해 있는 사람 무리를 포함해 무리의 다른 구성원들에게 경고하기 위해서이다.

개가 짖는 소리로 전하려는 메시지는 이런 것이다. "여기 무엇인가 이상한 일이 벌어지고

있으니, 주의하시오!" 야생의 세계에서는 두 가지 뜻이 담겨 있다. 새끼들에게는 어딘가로 몸을 피해 숨으라는 뜻이고, 다 큰 무리에게는 모여 맞설 준비를 하라는 뜻이다. 사람의 행동에 비춰 보면 종을 울리고 징을 두드리거나 뿔피리를 불어 "성채 입구로 누군가가 접근하고 있음"을 알리는 행위와 같다. 이 단계의 경보로는 도착한 대상이 친구인지 적인지를 아직 알 수 없다. 그러나 필요한 예방조치를 취하도록 만든다. 도둑의 침입과 마찬가지로 주인의 도착을 반길 때도 요란하게 짖어 대는 이유는 이 때문이다. 일단 도착한 사람이 누구인지 확인되면, 짖어 대는 개의 행동은 친근한 인사로 이어지거나 그렇지 않으면 심상찮은 공격으로 돌변한다.

이와 대조적으로 철저한 공격은 대조적으로 완전한 침묵 속에 감행된다. 두려움 없이 공격하는 개는 상대에게 곧장 달려들어 물어뜯는다. 경찰견이 도망치는 범법자로 위장한 사람을 공격하는 시범을 보면 이런 점을 확인할 수 있다. 다치지 않도록 팔을 두꺼운 패드로 감싼 사람이 들길로 도망치듯 달려가고 조련사가 경찰견을 풀어놓으면, 짖는 소리는 물론 다른 소리도 전혀 들리지 않는다. 덩치 큰 개의 소리 없는 추격은 패드를 댄 사람의 팔을 턱으로 꽉 물고 늘어지는 것으로 끝이 난다.

개는 도망갈 때도 똑같이 입을 다문다. 필사적으로 도주하려는 개는 멀리 도망칠 때까지 소리 없이 움직인다. 소리를 낸다는 것은 기본적으로 갈등이나 좌절감의 기미를 드러내는 것이다. 개가 소리를 내면 거의 언제나 개들 사이에서 충돌이 일어나는데, 이는 개들 중 가장 호전적인 개들도 대개는 약간 겁을 낸다는 것을 의미한다. 경찰견이 아무 소리도 안 내고 철저한 공격에 나서는 일은 으르렁거리면서 공격하는 경우보다는 흔치 않은 일이다. 윗입술을 끌어올려 이빨을 드러내면서 으르렁거리는 것은 굉장히 공격적이고 두려움은 거의 없는 개들의 전형적인 모습이다. 개가 살짝 두려워하는 기색을 보이면 소리 없는 공격이 으르렁거리는 공격으로 바뀌기는 하지만, 그렇더라도 이런 개를 대수롭지 않게 보아서는 안 된다. 이런 개의 공격

충동은 도망가려는 욕구에 비해 여전히 매우 강하다. 그 때문에 으르렁거리는 개는 우편 집배원들의 악몽이 된다.

두려움의 크기 순서로 볼 때 그다음 단계의 반응이 크르릉 소리를 내는 것이다. 크르릉거리는 것은 으르렁거리는 개보다 약간 겁을 더 내는 것이나 공격 위험은 여전히 크다. 크르릉대는 개는 좀 더 방어적으로 느껴지지만 공격성은 여전히 높은 편이다.

완전히 공격적이던 개가 두려움에 눌려 균형이 기울 때 크르릉대는 소리는 짖는 소리로 바뀌기 시작한다. 낮게 크르릉거리는 소리는 갑자기 요란하게 짖는 소리로 '폭발'한다. 이처럼 크

르릉대다가 짖고 크르릉대다가 짖는 행위가 되풀이된다. 개의 이런 행동에는 다음과 같은 뜻이 담겨 있다. '당신을 공격하고 싶지만 (크르릉대는 소리) 아무래도 지원군을 불러 모아야 할 것 같다(짖어 대기)'.

개의 머릿속에서 점차 겁이 더 커져서 공격 의지가 제압당하기 시작하면 크르릉거리는 소리는 사라지고 요란하게 짖는 소리만 반복된다. 이처럼 짖는 소리는 귀에 거슬릴 정도로 오래 계속되기도 한다. 그러다가 낯선 상황이 풀리거나 아니면 사람들이 무슨 일인가 싶어 몰려오면 멈춘다.

집에서 기르는 개가 짖을 때는 독특한 특성을 보인다. 마치 기관총을 발사하듯이 '멍멍멍… 멍멍멍멍멍멍… 멍… 멍멍멍' 하는 식으로 흥분되고 강한 톤으로 연속적으로 짖어 댄다. 이렇게 짖게 된 것은 개 품종을 1만 년 동안이나 선발 육종selective breeding했기 때문이지, 야생에서 살았던 개의 조상들이 원래 그랬던 것은 아니다. 늑대도 짖지만, 늑대가 짖는 소리는 개와 비교하면 훨씬 덜 인상적이다. 늑대 무리가 짖는 소리는 처음 듣고도 단번에 늑대 소리라는 것을 알아차릴 수 있다. 그러나 늑대가 그렇게 단조롭고 짧게 운다는 사실을 선뜻 믿기는 어렵다. 늑대가 짖는 소리는 별로 요란하지 않고 오히려 매우 평범하며, 언제나 단음절로 끝난다. '우~' 하는 스타카토 소리라고 보는 것이 가장 적합할 것이다. 늑대들도 울부짖을 때는 여러 차례 되풀이한다. 하지만 사람 곁에 사는 늑대 후손들처럼 요란한 기관총 발사음을 내지르는 식으로 짖는 일은 없다.

집개와 가까이 지낸 늑대는 얼마 뒤에 개처럼 과장되게 짖는 법을 배운다는 보도는 매우 흥미롭다. 이로 미뤄 볼 때 늑대 울음소리에서 개 짖는 소리로 옮겨 가는 것이 그렇게 어렵지 않다는 것을 분명히 알 수 있다. 또한 개가 사람 곁에 살기 시작한 초기 몇백 년 사이에 개 주인들은 밤도둑을 막는 경보음 용도로 '잘 짖어 대는 개'를 만들겠다는 생각에서 선발 육종을 매우 서둘렀을 가능성이 크다. 사람들은 오늘날과 같이 요란하게 짖어 대는 방범견으로 개량할 때까지 비교적 얌전한 소리를 내는 새끼들 중에서 가장 요란하고 가장 끈질기게 소리 내는 새끼를 골라냈다. 요즘에는 거의 모든 품종의 개들이 유전형질 속에 잘 짖어 대는 능력을 갖추고 있는데, 품종에 따라 짖는 능력은 조금씩 차이가 있다. 그러나 아프리카의 바센지 종은 개들 중 유일하게 짖을 줄을 모르는데, 짖는 능력을 키우는 품종 개량 면에서 완전히 벗어난 경우인 듯하다. 약 5천 년 전 고대 이집트에서도 작고 짖지 않는 특수한 품종의 사냥개가 개량되어 오랜 세월 사람과 함께 지냈으나 끝내 경비견 구실은 하지 못했던 모양이다.

요컨대 "짖는 개가 무는 개보다 더 심하다"라는 유명한 속담은 개에 관한 진실을 그대로 반영한 말이다. 짖는 개는 대개 달려들어 물 만큼 용감하지 못하고, 무는 개는 그들만의 경보로 지원병을 불러 모으기 위해 일부러 짖지 않기 때문이다.

개는 왜 울부짖을까?

개는 늑대보다 자주 짖지만 늑대보다 덜 울부짖는다(대개 하늘을 향해 짖는다). 그 이유는 집개와 야생 늑대의 사회생활에 차이가 있기 때문이다. 울부짖는 이유는 무리를 모아 동시에 움직이게 하기 위해서이다. 늑대는 주로 초저녁에 무리 지어 사냥에 나서기 전이나, 다시 한번 사냥에 나서는 새벽에 울부짖는다. 강아지 때부터 주인이 먹이를 챙겨 주고 보살펴 주던 집개에게는 (울부짖는 주된 목적인) '무리를 결집하고 보강해야 할' 필요성이 우선적인 목표가 되지 못한다. 또 무리가 흩어져 있어 울부짖는 일이 필요한 경우도 드물다. 집개가 일상에서 벗어나 이와 비슷하게 울부짖는다면 그것은 이 동물이 자기 무리에서 강제로 단절된 경우뿐이다. 그렇게 되면 개는 '외로움을 이기지 못하고 울부짖게' 되는데, 이것은 집단으로 울부짖는 행위와 비슷한 구실을 한다. 두 가지 경우 모두 이런 의미이다. "나(또는 우리)는 여기 있는데… 넌 어디

있니?… 이리 와서 나(또는 우리)와 함께 어울리자.” 야생에서 이런 울부짖는 행위는 자석처럼 같은 무리를 끌어모아 '일족의 노래'를 함께 부르도록 유도하는 효과가 있다. 사람들은 개가 울부짖어도 그들에게 다가가 '함께 어울리지' 않는데, 이런 사람의 행태는 개의 입장에서 보면 의무를 게을리하는 것이다.

　일상적인 환경에서는 울부짖는 일이 없는 일부 수캐도 발정기에 매력적인 암캐와 만날 수 없을 때는 가슴이 찢어질 듯 외로운 톤으로 길게 울부짖는 것으로 알려졌다. 그렇다고 울부짖는 것이 성적 욕망을 드러내는 신호라는 뜻은 아니며, 기본적으로 '나와 함께 어울리자'라는 뜻을 전하는 또 다른 사회적 맥락에 불과하다.

　현장 연구자들은 울부짖는 행위에 담긴 메시지가 이처럼 강렬한 점을 활용해 인위적으로 울부짖는 소리를 내서 새끼 늑대들을 잡는 데 활용할 수 있었다. 나무에 올라가 다 큰 늑대의 울부짖는 소리와 비슷한 소리를 내기만 하면 조그만 새끼 늑대들이 비틀비틀 울부짖는 사람 곁으로 몰려나오는 경우가 종종 있다. 그러나 나이 든 늑대는 이런 술책에 속지 않는다. 사람이 내는 거짓소리 특유의 색다른 요소를 가려낼 수 있기 때문이다. 늑대는 자라면서 저마다 각 늑대 특유의 울부짖는 소리를 인식할 수 있게 된다. 현장 연구자들도 연구 대상으로 삼는 늑대 무리 속 각 늑대의 차이점을 알아낼 수 있다. 단조롭게 반복되는 울부짖는 소리 속에는 미세한 차이가 있다. 이런 차이가 곧 개인별 테마 음악이 되는 셈이다. 이런 테마 음악을 통해 전하고자 하는 메시지는 '나야, 이리 와서 나와 함께해'라는 것이다. 메시지 전체를 뜯어보면 더욱 세부적인 부분까지 알 수 있다. 어떤 늑대 연구자들은 늑대가 머리를 젖히고 애처로운 목소리로 울부짖을 때 그 소리 속에서 늑대의 기분을 정확하게 파악할 수 있는 정보를 찾을 수 있다고 생각한다. 또한 늑대의 울부짖는 소리를 비교적 흔하게 들을 수 있는 곳은 대개 무리가 어울려 사는 영역의 경계지역인데, 이런 점에서 보면 그런 울음소리엔 자신의 영역을 나타내려는 의

도도 있는 것 같다. 즉, 특정 지역은 이미 누군가가 차지해 무리 지어 살고 있다는 사실을 다른 무리에게 알리려는 것이다.

무리에서 쫓겨난 외로운 늑대가 멀리 떨어진 구석에서 집단적인 울부짖음에 참여하지 않는다는 것은 주목할 만한 현상이다. 이런 늑대는 본래의 무리에 다시 끼어들 생각을 하지 못한다. 그러나 이런 늑대도 다른 늑대 무리가 조용하게 있을 때면 가끔 울부짖기도 한다. 이럴 때 다른 외톨이 늑대들이 호응하면 함께 모여 아무도 점령하지 않은 지역에서 새로운 무리를 만들어 살 수 있다.

다시 집개 이야기로 돌아가 보자. 집개는 분명 사촌인 야생 늑대보다 울부짖는 경향이 덜하다. 집개가 놓여 있는 사회적 맥락에 비춰 보더라도 그렇게 울부짖을 필요가 없다. 애완견이 전문적인 사육장처럼 대규모로 사육될 경우에는 울부짖는 행동이 분명 되살아날 수 있다. 또한 개를 혼자 가둬 놓거나, 암내를 풍기는 암캐와 떼어 놓거나, 또는 사람의 보살핌을 벗어나 외로운 유기견이 되었을 때는 울부짖을 수도 있다. 그러나 사람들의 따뜻한 보살핌을 받으면서 사는 다 큰 개는 개들이 내는 소리 중에서도 가장 섬뜩한 소리를 낼 일이 없다.

그러나 한 가지 재미있는 예외가 있다면 음악 가족과 연관된 것이다. 텔레비전이 없던 시절에는 가족들이 저녁에 함께 노래를 부르는 일이 많았는데, 어떤 애완견은 이런 소리를 어떤 신호 소리로 잘못 알고 주인이 "단합된 행동을 하기 위해 무리를 불러 모으려는" 것으로 생각했다는 것이다. 제 딴에는 사냥을 하자는 부름에 응답해, 한 무리로 인정된 다른 개들과 함께 고개를 뒤로 젖히고 열심히 울부짖었으나 그런 소리에 대체로 부정적인 사람들의 반응에 꽤 당황했을 것이다.

개는 왜 꼬리를 흔들까?

흔히 일반인이나 전문가나 다 같이 개가 꼬리를 흔들면 호감을 나타내는 것이라고 말한다. 이것은 틀린 생각이다. 고양이가 꼬리를 흔들면 틀림없이 화가 났다는 표시라고 주장하는 사람들이 저지르는 오류와 비슷하다. 꼬리를 흔드는 모든 동물(개와 고양이를 포함해)의 공통적인 정서 상태는 한 가지로, 갈등상태에 있다는 것이다. 동물이 의사소통 과정에서 앞으로 갔다, 뒤로 갔다 하는 거의 모든 동작도 갈등상태를 드러내는 행동이다.

어떤 동물이 갈등을 겪는다는 것은 각기 다른 두 갈래 방향으로 동시에 마음이 끌린다는 것을 의미한다. 즉, 앞으로 나가는 것과 뒤로 물러나는 것, 또는 왼쪽으로 도는 것과 오른쪽으로 방향을 트는 것을 동시에 하고 싶은 것이다. 이때 어느 한쪽으로 마음이 움직이면 다른 쪽으로 갈 수는 없는 만큼 개는 그 자리에 머물 수밖에 없고, 마음은 긴장상태에 빠진다. 그래서 몸 전체나 그 일부가 마음의 움직임에 따라 어느 한쪽으로 움직이기 시작하다가 이내 그 동작을 멈추고 반대 방향으로 움직이며 혼란스러워한다. 이럴 때 여러 종種의 동물들은 다양한 몸짓 언어, 즉 시각적 신호를 보여 준다. 그런 몸짓 언어에는 고개 비틀기, 머리 까딱거리기, 제자리에서 껑충껑충 뛰기, 어깨 돌리기, 몸 기울이기, 꼬리를 휙휙 움직이기 등 여러 행태가 있다. 그리고 개와 고양이의 경우에는 대개 꼬리를 흔든다.

꼬리 흔드는 개의 머릿속에는 정확히 어떤 생각이 작용하고 있을까? 본래 동물은 사람 곁에 머무르고 싶은 마음과 그 곁에서 도망치고 싶은 마음을 함께 지니고 있다. 도망가고 싶어 하는 이유는 간단하다. 두려움 때문이다. 사람 곁에 머물고 싶은 마음은 다소 복잡하다. 머물고자 하는 이유는 배가 고프다거나, 친근감을 느껴서이거나, 저돌적이기 때문이거나 등 한 가지가 아니라 여러 가지이다. 따라서 개가 꼬리를 흔드는 것을 어느 한 가지 이유나 의미로 풀이할 수 없다. 개가 보이는 몸짓 신호는 동시에 드러내는 다른 행동과 함께 항상 전체 맥락 속에서 해석해야 한다. 몇 가지 사례를 살펴보면 이런 점을 좀 더 명확하게 이해하는 데 도움이 될 것이다.

강아지가 매우 어릴 때는 꼬리를 흔들지 못한다. 기록에 따르면 지금까지 가장 빠른 강아지의 꼬리 흔들기는 생후 17일이지만 이런 경우는 드물다. 생후 30일쯤 되면 강아지 중 약 50%가 꼬리를 흔들고, 49일이 지나면 그런 행동이 절정에 이른다(이런 수치는 평균치로서 품종에 따라 조금씩 차이가 있다). 꼬리 흔들기는 새끼들이 어미로부터 젖을 빨아 먹을 때 처음으로 나타난다. 새끼들이 나란히 어미의 배에 달라붙어 젖을 빨아 먹을 때의 모습을 보면 꼬리를 맹렬하게 흔든다. 이런 모습을 보고 새끼들이 '친숙한 즐거움'을 보여 주는 것으로 풀이하기 쉽다. 그

러나 이것이 사실이라면 새끼들은 왜 좀 더 어릴 때, 가령 생후 2주쯤 되었을 때는 꼬리를 흔들지 않았을까? 그때도 어미젖을 빨아먹는 것은 중요한 일이었고 꼬리도 제대로 움직일 수 있었을 텐데, 왜 그러지 않았을까? 해답은 새끼들 간의 다툼이다. 생후 2주쯤 되었을 때 새끼들은 따뜻함과 편안함을 함께 나누기 위해 서로 뒤엉켜 지낸다. 이때는 아직 심각한 경쟁의식 같은 것을 찾아볼 수 없다. 그러나 생후 6~7주가 되고 꼬리 흔들기로 의사 표현을 제대로 할 수 있게 되면 이때부터 강아지들은 다른 강아지를 괴롭히고, 난투극을 벌이는 사회적 관계에 이르게 된다. 어미 젖을 빨려면 서로 몸을 밀착시켜야 한다. 조금 전까지도 물고 뒤쫓던 그 몸에 자신의 몸을 바싹 붙여야 한다. 이런 행위가 두려움을 자아내지만 그런 불안도 바싹 붙어 있는 어미 젖꼭지에서 젖을 ᄂ 먹으려는 욕구에 쉽사리 압도된다. 따라서 젖을 먹을 때는 배를 채우겠다는 마음과 두려움이 ᄉ ᄂ는 상태에 빠지게 된다. 즉, 어미 젖꼭지에 계속 매달려 있고 싶은 마음과 다른 강아지와 너무 ᄀ이 붙어 있고 싶지 않은 마음이 서로 부딪친다. 개가 맨처음 꼬리 흔들기로 나타내려는 것은 바로 이런 심적 갈등 상태이다.

강아지가 다 큰 개한테서 먹이를 얻어먹을 때도 이런 심적 갈등 상태가 나타난다. 즉, 동일한 갈등이 작동한다. 강아지가 큰 개의 입에 있는 먹이를 얻기 위해 입 근처로 가까이 다가가면 다른 강아지에 가까이 접근할 수밖에 없기 때문이다.

한동안 헤어져 지내다가 나중에 큰 개가 된 뒤에 서로 다시 만나면 반갑다는 몸짓 신호 중 하나로 꼬리를 흔들기도 한다. 여기서도 친근감과 불안감이 뒤섞이면서 심적 갈등 상태가 나타난다. 성적으로 유혹할 때 꼬리를 흔들기도 한다. 성적 유혹과 두려움이 동시에 담겨 있는 것이다. 또 가장 주목할 것은 공격적으로 상대방에게 다가갈 때 꼬리를 흔든다는 것이다. 이런 경우 꼬리를 흔드는 개는 상대에게 적대적이면서도 한편으로는 두려움을 느낀다. 두 가지 심리가 동시에 일어나면서 상충하는 또 다른 사례이다.

꼬리 흔들기의 형태는 다양하다. 상대적으로 온순한 개는 꼬리 흔드는 동작이 느슨하고 허술하다. 그러나 공격적인 개의 꼬리 흔들기는 조용하거나 빠른 움직임을 보인다. 순종적인 개는 꼬리가 다소 처진 채로 움직이지만, 자신감이 넘치는 개는 꼬리를 빳빳하게 세운 채로 흔든다.

다양한 관계 속에서 개(나 늑대)들이 서로 만나는 것을 가만히 살펴보면 쉽사리 알 수 있을 텐데도 왜 사람들은 꼬리를 흔드는 개의 행동을 이처럼 자주 오해해 무조건 호감을 표한다고 생각할까? 그 해답은 사람들이 개들 사이의 인사법보다는 사람과 개 사이의 인사법에 훨씬 더 친숙하다는 데서 찾을 수 있다. 개를 여러 마리 기를 때는 개들끼리야 보통 온종일 함께 지내

겠지만 사람과 개는 날마다 헤어졌다가 다시 만나기를 되풀이한다. 그럴 때 사람들이 보는 개의 모습은 상냥하고 순종적이다. 주인을 '무리'의 지배적인 존재로 보기 때문이다. 이럴 때 개는 무리의 지도자를 다시 만났다는 반가움과 흥분을 떨쳐 버릴 수 없겠지만, 이런 끌림의 이면에는 약간의 두려움도 숨어 있다. 이런 혼란스러운 갈등이 꼬리를 흔들게 만든다.

사람들은 이런 점을 잘 받아들이지 못한다. 개가 우리를 사랑하는 것 이외에 다른 감정을 갖고 있다고 생각하고 싶지 않기 때문이다. 개가 사람을 약간 겁내고 있다는 생각은 달갑지 않다. 그러나 사람의 체구(오로지 키만)를 개와 비교해서 생각해 보자. 사람의 압도적인 체구만으로도 개에게 불안감을 안겨 줄 수 있다. 게다가 사람은 개에게 여러 면에서 지배적인 존재인데다, 살아가려면 온갖 측면에서 사람에게 의존해야 한다는 사실을 감안할 때 개의 기분이 복합적이란 사실은 별로 놀랄 일이 아니다.

끝으로 꼬리 흔들기는 몸짓 신호 외에 냄새 신호를 전달하는 구실도 하는 것으로 알려졌다. 이 또한 선뜻 이해하기 어려운 일이다. 개의 관점에서 모든 것을 헤아려야 하기 때문이다. 개는 저마다 항문샘에서 풍기는 독특한 냄새를 지니고 있다. 긴장된 상태로 꼬리를 활기차게 움직이다 보면 이 항문샘이 일정한 간격으로 압박을 받게 된다. 자신만만한 개처럼 꼬리를 빳빳하게 세운 채로 빠르게 흔들면 항문샘 냄새가 더 많이 분출된다. 사람의 코는 개마다 다른 이런 냄새를 식별할 만큼 예민하지 못하지만, 이런 냄새는 개에게는 의미가 매우 크다. 현재 꼬리 흔들기라는 단순한 동요성 갈등 움직임이 개의 무리생활에서 두드러진 구실을 하고 있지만, 냄새도 별도의 보너스로서 주요한 역할을 할 것이 분명하다.

개는 왜 숨을 심하게 헐떡일까?

출발하려는 버스를 타기 위해 달려가다 보면 숨이 차게 마련이다. 그런데 그렇다고 개처럼 심하게 숨을 헐떡이는 사람은 없다. 개는 심지어 가만히 있을 때도 숨을 헐떡인다. 개는 열이 많이 오르면 그냥 입을 벌리고 혀를 축 늘어뜨린 채, 우리가 흔히 보았던 그대로 빠르고 심하게 숨을 헐떡이기 시작한다. 개는 이렇게 숨을 헐떡이는 동안 축축하게 젖은 혀를 계속 늘어

뜨리면서 수분을 증발시키는데, 바로 이것이 열을 식히는 아주 중요한 역할을 한다. 열이 오른 개는 혀의 표면에 수분을 공급하기 위해 평소보다 물을 많이 마신다. 이런 대처를 하지 못한다면 많은 개는 일사병으로 죽을 것이다.

왜 개의 몸은 체온을 조절하기 위해서 그처럼 심하게 숨을 헐떡이도록 만들어졌을까? 그 해답은 개 피부의 해부학적 구조에서 찾을 수 있다. 사람과 달리 개는 제구실하는 땀샘이 발에만 있다. 사람은 몸 전체로 땀을 흘려 몸의 열을 빠르게 낮출 수 있지만 개는 그렇게 하지 못한다. 흥미롭게도 말과 고양이, 개처럼 사람과 가장 가까운 세 동물은 몸을 식히는 방법을 각각 다르게 진화시켰다. 말은 사람처럼 땀을 많이 흘린다. 고양이는 몸에 열이 너무 많이 나면 털을 열심히 핥는다. 침을 냉각제 삼아 온몸에 바르는 것이다. 그러나 개는 숨을 헐떡인다.

개가 헐떡이는 방법을 선택한 것은 그들 조상의 매우 두툼한 외피 털과 분명 관련이 있다. 개의 초기 진화 과정을 살펴보면, 더운 날씨에 몸을 시원하게 유지하는 것보다는 추운 날씨에 체온을 따뜻하게 유지하는 것이 훨씬 중요했을 것이다. 외피의 털이 촘촘한 개는 두꺼운 털 때문에 피부의 땀샘이 체온 조절에 거의 도움을 주지 못하면서 그런 중요한 기능을 잃어버리게 되었다.

오늘날 여러 품종의 개는 외피의 털이 성글어지기도 하고, 무더운 오후 같은 때에는 주인의 도움을 받아 몸을 식힐 수 있게 되었다. 그러나 그래도 땀샘이 제구실하게 만드는 데 필요한 재진화나 유전적 형질의 변화는 없었다. 멕시코의 털 없는 개처럼 거죽이 그대로 드러난 품종의 개는 땀 흘리는 기능을 쉽사리 되살릴 수 있을 것 같았지만, 무더운 기후 속에서도 외피는 여전히 매우 건조한 상태였다. 한때 이런 기이한 개의 체온이 (섭씨 약 38.3~38.9도인 보통 개의 체온과 달리) 섭씨 40도까지 올라간다는 주장이 나왔으나 최근 검사한 결과는 이런 주장을 뒷받침하지 못했다. 이 개의 체온은 다른 개와 다를 바 없었으나 털이 없으므로 사람의 촉감엔 피부 온도가 더 높은 것으로 '느껴졌을' 것이다. 이 품종의 개는 옛날 멕시코 사람들이 추운 날 밤에 살아 있는 뜨거운 물주머니처럼 이용하기 위해 개량했다고 한다. 이 품종은 피부에서 땀을 흘리지 않는 데다 정상적인 체온이 사람보다 높아 뜨거운 물주머니 구실을 하기에 안성맞춤이었을 것이다.

개는 왜 다리를 들고 오줌을 눌까?

수캐가 오줌 누는 것은 단순히 몸 안의 배설물을 내보내는 행위에 그치지 않고 그 이상의 큰 의미를 지니고 있다는 사실을 이제 우리는 잘 알고 있다. 수캐는 사람을 따라 산책길에 나설 때마다 다른 수캐가 뒷다리 들고 누워 놓은 오줌 냄새를 맡는 데 정신이 없다. 즉, 다른 개가 자신의 생활영역 안에 있는 온갖 형태의 기둥에 묻혀 놓은 오줌 냄새를 맡고, 그 화학성분의 신호를 읽어 내는 데 온통 관심을 기울인다. 수캐는 온몸을 떨듯이 한껏 촉각을 곤두세우고는 나무 그루터기와 가로등 기둥에 묻어 있는 다른 개의 냄새를 탐색한다. 냄새에 담긴 메시지를 조심스럽게 탐색한 뒤 수캐는 그 위에 오줌을 누어 자신의 강한 냄새 흔적을 남김으로써 그곳에 남아 있던 다른 수캐의 냄새 흔적을 지워 버린다.

강아지는 암수 구분 없이 쭈그린 자세로 오줌을 눈다. 그러나 태어난 지 8~9개월이 지나다 큰 개가 되면 수캐는 뒤쪽의 다리 하나를 들고 오줌을 내뿜듯이 누기 시작한다. 이때 다리를 쭉 뻗고 몸을 옆으로 숙여서 분출되는 오줌이 아래 땅 쪽으로 향하게 하는 것이 아니라 비스듬히 옆으로 향하게 만든다. 수캐는 긴 산책길을 자신의 냄새로 가득 채우겠다는 욕구가 워낙 강한 나머지 너무나도 부지런히 오줌을 내뿜어 오줌이 남아 있지 않을 때도 있다. 그럴 때 수캐는 자신의 '명함'을 남기기 위해 몇 방울의 오줌이라도 더 짜내려고 안간힘을 다하는 모습을 볼 수 있다. 방광이 완전히 비었을 때도 뒷다리 들기는 계속 이어진다. 다른 수캐의 흔적을 지우려는 본래의 의도와는 다른 행동이다.

그런데 흥미로운 점은 이런 행동이 수캐의 생식 활동과는 연관성이 없다는 것이다. 사춘기가 되기 전에 거세된 수캐인데도 다 큰 개가 되면 생식력이 왕성한 또래의 수캐와 마찬가지로 뒷다리를 들고 오줌을 누기 시작한다. 이런 점은 성견이 된 수캐의 전형적인 행동인데도 예상과는 달리 남성 호르몬인 테스토스테론 수준과는 별다른 관련이 없어 보인다. 그러나 뒷다리 들고 오줌 누기가 성호르몬의 존재 '때문에' 나타나는 것이 아님에도 불구하고 한 가지 분명한 사실은 그런 행동 속엔 해당 개의 성적 상태를 나타내는 메시지가 들어 있다는 것이다. 성호르몬이 오줌 속에 섞여 나오기 때문이다. 또한 그 속에는 수캐의 보조 분비샘에서 나온 독특한 분비물도 들어 있다. 이런 분비물은 남아 있는 냄새를 통해 개체별 특성을 드러내 준다.

수캐가 쭈그린 자세 대신 뒷다리를 들고 오줌을 누는 데는 세 가지 이유가 있다. 첫째이자 가장 중요할 법한 이유는 냄새 신호를 가능한 한 생생하게 유지할 필요가 있기 때문이다. 오줌을 바닥에 그대로 흘리는 것보다는 수직으로 서 있는 기둥 같은 데에 '매달아 놓는 것처럼' 뿌려 놓으면 그 냄새가 훼손될 가능성이 덜하다. 둘째 이유는 다른 개의 코 높이로 냄새 흔적을 남기면 눈에 잘 띄고, 또 다가가서 냄새 맡기에도 좋기 때문이다. 셋째 이유는 냄새 메시지의 위치를 다른 개들에게 알리고, 또 냄새를 남긴 다른 개들에게도 상기시켜 주려는 것이다. 사람

들은 개가 외진 곳에 있는 기둥이나 멀리 떨어진 곳에 있는 나무로 다가가서 코를 킁킁거리며 냄새를 맡아 본 뒤 뒷다리를 들고 오줌을 누는 모습을 자주 볼 수 있다. 바꿔 말하자면 (기둥처럼) 세워진 물건들을 선택하는 이유는 냄새를 찾아낼 장소의 숫자를 줄이는 데도 도움이 된다는 것이다.

　　수캐가 이 같은 방식으로 자신의 냄새를 남김에 따라 다른 개는 한 가지 부수적인 도움을 받을 수 있다. 즉, 다른 개가 오줌을 누기 위해 걸음을 멈추고 다리를 드는 개의 몸의 윤곽을 살펴보는 것만으로도 멀리서 그 성별을 손쉽게 가려낼 수 있다. 이런 정보를 바탕으로 그 개에게 접근할 것인지 말 것인지를 결정하는 데 도움이 될 수 있다.

뒷다리 들고 오줌을 눈 표지물에는 냄새가 남기 마련인데, 이런 냄새로 전하고자 하는 메시지는 정확히 무엇일까? 이에 관해 몇 가지 견해가 있는데, 아마도 모두 맞을 것이다.

첫째는 개 자신의 영역을 표시하려는 것으로 보는 견해이다. 자기가 돌아다니면서 지키는 근거지 일대에 자기 냄새를 남김으로써 개는 그 영역을 자신의 것으로 만든다. 개는 자신의 근거지로 돌아와 자신의 냄새를 맡음으로써 그곳이 친숙한 자신의 터전임을 알게 된다. 사람도 집에 들어와 자신의 소유물과 잡동사니로 가득 차 있는 것을 보면 편안해지듯, 개도 자신의 영역 내 표지물에 자신의 냄새 '소유물'을 발라 놓았기 때문에 그 안에서 편안함을 느낀다.

둘째는 다른 개에게 전하려는 메시지라는 견해이다. 즉, 그 냄새로 자신의 성적인 상태를 알려 주고, 이 특정한 개가 그 영역을 차지하고 있음을 다른 개들에게 알리려는 메시지라는 것이다. 이런 냄새 메시지는 또 암캐와 결합하는 것을 도와주고, 다른 수캐가 영역을 침범하는 것을 막는 구실을 할 수도 있다. 이에 대한 반론도 있다. 수캐들은 다른 개의 냄새에 홀리지도 않을뿐더러 냄새를 풍기는 표지물에 두려움이나 공포감을 느껴 그곳을 회피하는 일은 절대 없다는 주장이다. 그러나 이런 냄새 표지물이 직접적인 위협을 가하지 않는다고 해서 그것이 어떤 영역에 '주인 있음'을 나타내는 표식이 아니라고 말해서는 안 된다.

셋째는 한 아이디어를 특별히 변형시킨 것인데, 냄새 표식을 남기는 진짜 이유는 이 냄새를 통해 서로 시간을 공유한다는 견해이다. 개들은 야생 상태에서 무리를 이루며 이웃해 살게 마련인데, 이들이 서로 최대한 충돌하지 않고 살아가려면 다른 무리의 개들이 얼마나 자주 어떤 곳을 지나가는지를 알아야 한다. 표지물에 남겨 놓은 냄새의 강도와 질은 그것을 묻혀 놓은 지 시간이 얼마나 흘렀는지에 따라 달라지는 만큼, 이를 이용해 다른 개들이 그 지역을 얼마나 자주 그곳을 순찰하며 지나가는지 헤아릴 수 있다. 그에 따라 특정 지역을 순찰하는 시간을 서로

알아차려 공유할 수 있다. 즉, 무리들이 직접 부딪치면서 서로 큰 손실을 입는 대결 상황으로 빠져들지 않고 서로 피할 수 있는 시간대를 선택할 수 있다는 것이다.

마을에서 이곳저곳을 자유롭게 돌아다니는 개들을 연구한 결과 이들이 날마다 자신의 영역 내 냄새 표지물을 모두 확인하면서 보내는 시간은 2~3시간인 것으로 드러났다. 이들은 날마다 몇 킬로미터씩을 탐험하듯이 다니면서 냄새를 묻혀 놓은 모든 표지물에 코를 대고 킁킁거리며 주의 깊게 냄새를 맡고, 그 속에서 감지되는 새로운 메시지를 알아낸다. 그렇게 하려면 많은 시간과 노력이 필요하지만, 이를 통해 특정한 마을에 사는 모든 개는 그 일대의 개 숫자와 움직임, 성적인 상태, 그 개들이 어떤 개인지 등의 정보가 담긴 완벽한 형태의 개 도표를 얻는 셈이 된다.

일반적으로 암캐는 뒷다리를 드는 일이 전혀 없는 것으로 알려졌지만, 이것은 사실이 아니다. 암캐 중 4분의 1 정도는 오줌을 눌 때 뒷다리 한쪽을 들어 올린다. 그러나 뒷다리를 들어 올리는 방식이 수캐와 다르다. 암캐가 뒷다리 한쪽을 들어 올릴 때는 몸체와 같은 높이가 아니라 몸체보다 낮게 올린다. 그 때문에 오줌이 세워진 물체에 뿌려지는 대신 땅에 그대로 떨어진다. 가끔 암캐는 물구나무서기와 기둥이나 벽에 뒷다리를 올리는 식의 어색한 자세로 이런 문제를 해결하기도 한다. 매우 드물지만, 암캐가 수캐와 똑같은 모양으로 뒷다리를 들어 올리는 경우도 있기는 하다.

개는 왜 똥을 눈 뒤 발로 땅을 긁을까?

모든 개 주인은 애완견, 특히 수캐가 똥을 눈 뒤 땅바닥을 몇 차례 힘차게 긁는 동작을 지켜본 적이 있을 것이다. 개는 똥을 눈 자리에서 앞쪽으로 살짝 움직인 뒤 앞발과 특히 뒷발을 뒤쪽으로 세차게 밀어 내는 식으로 땅바닥을 여러 차례 긁은 뒤 자리를 뜬다. 오줌을 눈 뒤에도 이처럼 땅을 긁는 행동을 보일 때가 있지만 똥을 눌 때처럼 빈번하진 않다.

이런 행동에 대해 사람들은 야생에 살던 개의 조상들이 고양이처럼 똥을 감추려는 버릇을 버리지 못해 오늘날까지 그대로 남아 있는 것이라고 풀이했다. 한때 위생적인 절차였던 '뒷발

차기'가 개가 사람에게 길들면서 그 쓸모는 이미 사라져 버리고, 다만 습관으로만 남았다고 본다. 그러나 이것은 진실이 아니다. 최근 자연에 사는 늑대들을 관찰해 보니, 늑대도 땅을 긁는 똑같은 행동을 한다는 것이 밝혀졌기 때문이다. 그와 같은 행동이 사람에게 길드는 과정에서 '쇠퇴'한 것이 아니라는 뜻이다.

또 개들이 똥을 흩뿌려 자신만의 독특한 냄새가 남아 있을 영역을 넓히려 한다는 해석도 있다. 몇몇 동물은 실제 자신의 똥을 열심히 흩어 놓는다. 예를 들면, 꼬리가 유별나게 납작한 하마는 그 꼬리를 부채처럼 앞뒤로 휙휙 움직이면서 똥 냄새를 넓게 흩뿌린다. 그러나 개는 항상 똥 가까이에서 땅바닥을 긁긴 해도 자기 똥을 건드리지는 않는 듯하다.

이런 점에 비춰 두 가지 설명이 가능하다. 첫째, 야생 상태의 늑대는 땅을 긁을 때 몇 미터 정도의 넓이로 흙과 그 위에 있던 잡동사니들을 마구 휘저어 놓는다. 이렇게 하면 똥에서 풍기는 냄새 신호와 함께 눈에 잘 띄는 시각적 표지물이 남는다. 요즘 개 주인들이 다니는 도시의 산책길은 포장도로이거나 딱딱한 다른 포장재로 덮여 있어 개가 발로 긁는다고 하더라도 눈에 띄는 흔적을 남기기 어렵다. 개에게는 불행한 일이다. 자연 상태에 가깝게 남아 있는 곳이었다면 땅을 긁고 헤집는 개의 행위로 (땅바닥에) 인상적인 시각적 신호가 남았을 것이다.

둘째는 개 몸에서 쓸모 있는 땀샘 구실을 하는 유일한 부위가 발톱 사이인데, 개가 땅을 긁는 것은 이미 똥에 들어 있는 냄새에다가 자신의 다른 체취를 더하려는 것뿐이라는 지적이다. 이런 지적은 그리 설득력 있게 들리지 않는다. 사람의 코가 개똥 냄새는 쉽사리 맡아도 개의 발톱 사이에서 나는 땀 냄새는 맡을 수 없기 때문이다. 그러나 다양한 냄새에 민감한 개의 생활에서 나름의 독특한 메시지를 전달하는 이런 부가적인 냄새 표시는 좀 더 색다른 즐거움을 찾는 개들이 자꾸 산책하러 가자고 주인을 조를 요인이 될 수 있다. 개가 자연환경에서 바닥을 긁는 행동을 할 때는 냄새 요소와 시각 요소 모두 일정한 역할을 할 가능성이 아주 크다.

개는 양심의 가책을 느낄까?

많은 개 주인들은 집에서 기르는 개가 무엇인가 잘못을 저질렀을 때 마치 그것을 사죄하려는 듯, 죄책감을 드러내는 식으로 행동하는 것을 보았다고 주장한다. 이런 주장은 개에게 없는 사람의 감성을 억지로 부여하는 것일까, 아니면 개에게 정말 양심의 가책과 같은 감정이 있는 것일까?

'규칙을 어긴' 개가 평소와 달리 매우 순종적인 태도를 보인다면 그것은 점차 커지는 주인의

화를 누그러뜨리려는 반응이라고 보는 것이 가장 확실한 설명이다. 개는 '의도 변화', 즉 무슨 일이 벌어질 것 같은 숨길 수 없는 초기 징조를 간파해 내는 비상한 능력이 있다. 화를 내려는 개 주인은 개에게 소리를 지르기 전에 몸이 긴장되기 쉬운데, 개는 이런 긴장 상태를 알아채고 그에 대처할 수 있다. 따라서 야단맞기 전에 납작 엎드리는 식의 태도를 보이기 시작한다 하더라도 그것은 그저 앞으로 벌어질 일을 정확하게 추측하는 것일 뿐이다. 이런 직접적인 반응을 양심의 가책으로 볼 수는 없다. 그저 겁이 나서 그런 반응을 나타내는 것이라고 보는 것이 타당하다.

그러나 일부 개 주인들은 '못된 짓'을 저지른 것이 드러나기도 전에 자신의 개가 순종적인 태도를 보였다고 주장한다. 예를 들면, 개가 방 안에 혼자 오랫동안 갇혀 있게 되면 카펫을 엉망으로 만들거나 심심한 나머지 슬리퍼나 장갑을 물어뜯고, 아니면 무엇인가에 열중해 있는 가운데 다른 사고를 일으킨다. 개가 그런 행동을 하면 안 된다는 것을 이미 알고 있었다면 유별나게 반가워하면서도 이상할 정도로 순종적인 태도로 집에 돌아오는 주인을 맞이할 수도 있다. 만약 주인이 미처 개가 저질러 놓은 짓을 볼 기회가 없었다면 개는 주인에게서 '곧 터져 나올 분노'를 눈치챌 리 없다. 따라서 개의 행동은 무엇인가 '못된' 짓을 했다는 것을 알면서 드러내는, 독자적인 유화책인 것이다. 이런 측면에서 볼 때 개는 사실상 양심의 가책을 느낄 수 있다고 봐야 한다.

늑대에게서도 비슷한 행동을 엿볼 수 있었다. 사람에게 잡힌 굶주린 늑대 무리에게 큼직한 고깃덩어리를 던져 주었다. 이때 약해 보이는 늑대 쪽으로 고기를 던졌는데, 서열이 낮은 이 늑대가 고기를 물고 한쪽 구석으로 달아나자 서열이 높은 리더 급 늑대들이 접근했다. 그러자 서열이 낮은 늑대가 으르렁거리면서 자신이 차지한 고깃덩어리를 빼앗기지 않으려고 달려들었다. 늑대 무리에서 통용되는 한 가지 법칙은 먹을 것을 차지하면 지배적 관계도 뒤엎을 수 있다는 것이다. 달리 말하면 무리에서 서열이 높든 낮든 일단 고깃덩이가 입안에 들어가면 그것은 그 늑대의 것이 된다. 이때는 무리 중 가장 힘센 늑대라도 그것을 빼앗을 수 없다. '소유권역'이라 불리는 이 권역의 범위는 먹이를 차지한 늑대의 입 주변 약 30cm 정도로, 이 범위 안에서 먹이를 문 상태에서는 누구도 침범할 수 없다(개를 기르는 사람들도 이와 비슷한 상황을 목격했다. 애완견 무리 중에서 서열이 아무리 낮은 개라도 고기나 뼛조각을 먹을 때 다른 개가 너무 가까이 접근하면 으르렁거리며 공격한다). 굶주린 늑대 무리의 경우, 지배적인 위치에 있는 늑대는 약한 늑대로부터 고깃덩어리를 빼앗아 먹고 싶은 마음이 간절하겠지만 끝까지 자제한다. 고깃덩어리를 먼저 차지했던 늑대가 반쯤 먹은 뒤 잠시 한눈을 파는 사이에 지배적인 위치에 있는 늑대들이 나머지를 빼앗아 실컷 먹는다. 이런 상황이 모두 끝나면 약한 늑대가 지배적인 위치에 있는 늑대들에게 다가가 순종적인 태도를 보이면서 아양을 떤다. '높은 서열을 차지한 늑대들'은 먹이를 두고 서열이 낮은 늑대를 위협하거나 노골적인 공격 의도를 일절 드러내지 않았지만 이런 대접을 그대로 받아들인다. 이런 순종적 태도를 보면, 먼저 고깃덩어리를 문 늑대가 이전의 자기 행동에 대해 사죄하고, 그것이 높은 서열을 차지하려는 진지한 시도가 아니었음을 높은 서열의 늑대들에게 분명히 밝혀야 한다고 느끼는 듯하다.

개를 기르는 사람들은 이런 행동에 익숙하고 당연하게 생각할 수도 있겠지만 개의 입장에서 개들은 그들이 만든 사회적 규칙에 대해 현저히 복잡한 인식을 드러낸다. 이런 인식은 다른 많은 동물에서는 찾아볼 수 없는 것으로, 사회성이 한층 더 강했던 야생 조상들의 무리 생활과 직접 연관되어 있다.

개는 어떻게 장난을 유도할까?

포유류는 대부분 성체(어른)가 되면 장난기가 사라진다. 이러한 통례에서 벗어나는 두 가지 두드러진 사례가 개와 사람이다. 사람은 진화 과정을 거치면서 '청소년기 유인원'이 되어, 어른이 되어서도 어린 시절의 호기심과 장난기를 그대로 간직하게 되었다. 사람에게 놀라운 창의력을 안겨 준 것이 바로 이러한 변화였고, 이것이 (인간이 지금껏 기록해 온) 굉장한 성공 이야기의 핵심이다. 따라서 사람의 친밀한 동반자로서 그 누구보다도 큰 사랑을 받는 개가 사람처럼 성년까지 계속 장난기를 간직한다는 사실은 그리 놀랍지 않다.

사람이 '청소년 유인원'인 것처럼 개도 '청소년 늑대'다. 성견이 돼도 온갖 품종의 집개는 계속 굉장한 장난기를 보이는데, 나이가 꽤 들어서도 마찬가지다. 이와 관련해 개들이 직면하는 한 가지 문제는 장난치고 싶다는 기분을 다른 개나 사람에게 어떻게 전달하느냐이다. 장난을 치다 보면 거짓으로 싸우고 짐짓 도망치는 체해야 하는 만큼 특정 행동이 그저 재미 삼아 하는 것이니 심각하게 받아들이지 말라는 뜻을 분명하게 밝히는 일이 중요하다. 이를 위해 장난을 유발하는 독특한 표현을 드러낸다.

이런 '놀자' 신호 중 가장 흔한 것이 개가 하반신은 그대로 놓아둔 채 상반신만 납작 엎드리는 식의 '놀이 경례'이다. 이때 앞다리는 '앉아 있는 스핑크스'와 같은 위치에 두고, 따라서 가슴 부분이 땅에 닿을 듯 말 듯하며, 이와 대조적으로 뒷다리는 쭉 편, 곧추선 자세를 한다. 장난기 많은 개는 이런 자세로 친구를 뚫어질 듯이 쳐다보다가 마치 "시작하자, 시작해"라고 말하는 것처럼 조금씩 전진하는 움직임을 보인다. 친구가 호응하면 곧 쫓기 놀이와 도망 놀이가 시작된다.

이처럼 특별한 놀이 신호에 따라 쫓거나 도망치는 놀이가 시작되는 만큼 나중에 쫓는 쪽이 실제로 공격하는 일도, 쫓기는 쪽이 크게 물어뜯기는 일도 없다. 사실 쫓는 쪽과 도망치는 쪽은 서로 번갈아 여러 차례 역할을 바꾸는데, 역할을 바꾸는 속도를 보면 이들이 실제로 공격을 하거나 공포감을 느끼는 심리상태가 아니고 그저 주어진 역할에 따를 뿐임을 알 수 있다. 이런 놀이에서 개가 달리는 코스는 보통 널찍한 원형이다.

원래 '놀이 경례'가 스트레칭 동작을 변형시킨 것이라는 설이 있다. 실제로 잠을 깬 개가 활동할 채비를 갖출 때 다리를 쭉 뻗는 식의 동작을 취하는 것과 비슷하다. 또 몸을 '쭉 뻗는' 동작을 보여 줌으로써 자신의 몸이 풀렸고, 곧 시작될 공격과 도망치기도 힘들지 않음을 보여 주는 것이라는 견해도 있다. 그러나 더 그럴듯한 설명은 '놀이 경례' 자세는 곧장 튀어 나가기 위한 의도적 정지 자세로, 출발선에서 출발 신호를 기다리는 육상선수의 웅크린 자세와 비슷하다는 것이다.

그 밖에도 개들이 장난을 유도하기 위해 취하는 전형적인 행동은 몇 가지가 더 있다. 하나는 사람이 웃는 것처럼 표정을 짓는 '놀이 표정'인데, 그 속에는 몇 가지 사람과 비슷한 요소가 담겨 있다. 우선 입술이 위아래가 아닌 옆으로 당겨진다. 그러면 입술선이 길어지고 입꼬리 부분도 귀 쪽으로 당겨진다. 턱은 약간 벌어지지만 앞니를 드러내려는 의도는 보이지 않는다. 이런 표정은 개가 화가 나서 으르렁거리는 것과는 정반대의 표정이다. 으르렁거릴 때 개는 입꼬리를 앞으로 모으고 코를 찡그려 앞니를 드러낸다. 놀이 표정을 보이는 개에게서는 공격성을 전혀 찾아볼 수 없다.

장난을 유도하기 위한 또 다른 행동으로는 코로 밀기나 앞발로 툭 치기, 손짓하기 등이 있다. 코로 미는 동작은 강아지들이 어미 젖꼭지에 매달려 밀면서 젖을 빨아 먹을 때의 동작에서 비롯된 것이다. 또래와 장난을 시작하기 전에 앞발로 다른 개를 툭 치거나 치는 시늉을 하는 것도 젖먹이 동작에서 나온 것이다. 장난기 있는 개는 가만히 앉아 상대를 빤히 쳐다보다가 마치 신호라도 보내는 것처럼 앞발 한쪽을 들어 아래로 확 내린다.

'손짓' 신호는 다른 개의 약을 올려 놀이를 유도하는 한 방법이다. 놀이를 유도하려는 개는 공이나 막대기 같은 것을 가져온 뒤 다른 개와 마주 보는 위치에 눕고 두 개의 앞발 사이에 놀이도구를 놓는다. 그때 상대 개가 그 도구에 손을 뻗으면 재빨리 낚아채 입에 물고 도망친다. 이때 다른 개가 뒤쫓으면 놀이에 끌어들이는 데 성공한 셈이 된다. 상대편 개가 뒤쫓다 멈추면 같은 유도과정이 되풀이된다.

개가 한동안 갇혀 있다가 마음대로 뛰놀 수 있는 공간으로 풀려나면 보통 주체할 수 없는 활력 때문에 껑충껑충 뛰고 질주하게 되는데, 때로는 이런 행동도 놀이를 시작하자는 신호가 되기도 한다. 그러나 달리고 몸을 비틀고 껑충껑충 뛰고 깡충 뛰어오르며 지그재그로 달리는 동작 등은 지나치게 과장된 몸짓이다.

그런 동작 사이에 잠시 상체를 낮추는 '놀이 시작 경례'를 배치했다가도 곧바로 뒷발로 껑충거리며 요란하게 뛰다 말기를 되풀이하기도 한다. 야생 늑대는 사냥 대상을 유인하기 위해 이런 동작을 활용하는 경우가 종종 있다. 기이한 형태로 춤추듯이 껑충껑충 뛰면서 먹이를 흘리는데, 이렇게 하면 사냥감에 쉽게 다가갈 수 있다.

19세기에 북미 지역에서는 오리 사냥꾼들이 이런 유인 술책을 활용했다. 사냥꾼들은 주로 푸들 같은 개를 탁 터진 공간에 풀어놓고 재미있는 것처럼 깡충깡충 뛰게 만들었다. 이런 모습을 본 야생 오리들은 무슨 일인지 보고 싶어 가까이 다가오지 않을 수 없었다. 그러다 결국 사람 손에 잡히는데, 이렇게 오리를 잡는 방식을 '사냥감 유인책'이라 부르고, 푸들은 '사냥감 유인견'으로 불린다. 야생 오리까지 유인할 수 있다는 사실은 개들이 진화 과정에서 놀이 유도 행동을 얼마나 유혹적으로 가다듬었는지 여실하게 보여 준다.

그러나 비교적 젊은 성견 중 일부는 나이든 개들을 겁내 놀이에 끼어들지 못한다. 이런 개들은 놀이에 끼지 못한 것을 애타게 생각해 자신보다 조금 어린 개들과 놀이를 벌이려고 안간힘을 다한다. 이런 별난 상황을 안쓰럽게 본 지배적 위치의 개가 생각해 낸 한 가지 방책이 '안심해도 좋음을 보여 주는 것'이다. 이때 우위에 있는 개는 겁 많은 어린 개들 옆 땅바닥에 일부러 펄썩 주저앉았다가 곧 뒤로 벌렁 누워 완전히 순종하는 자세를 취한다. 이처럼 잠시지만 서열이 낮은 개가 하는 행동을 실연해 보이면 젊은 개들도 젠체하면서 접근할 용기를 갖게 되고, 이어 장난이 시작될 수 있다. 덩치가 매우 큰 개가 몸집이 아주 작은 개와 놀고자 할 때도 이런

형태의 상호작용을 볼 수 있다. 덩치 큰 개가 순종적인 자세를 보이는 것은 작은 개를 안심시켜 놀이로 이끄는 데 매우 효과적이다.

개가 성견이 된 뒤에도 잘 놀려면 어릴 때 한배 새끼들과 어울려 노는 것이 중요하다. 강아지들은 생후 몇 개월 동안 이른바 '부드럽게 깨물기'의 필요성을 알게 된다. 처음에는 서로 뒤엉켜 뒹굴면서 다른 강아지를 함부로 깨물면 안 된다는 것도 모른다. 그 때문에 날카로운 이빨에 물려 강아지들이 캥캥거리며 울거나 끙끙거리는 고통을 안겨 주기도 한다. 그러나 상대를 세게 물면 재미있게 뒹굴며 놀 수 없다는 것을 깨닫고 나면 곧바로 턱에 힘을 주지 않고 깨무는 방법을 익힌다. 어릴 때 혼자 자라 이처럼 놀이를 통해 깨우치는 과정을 거치지 못한 개는 성견이 된 뒤에 말썽꾸러기가 되기도 한다. 턱의 힘을 빼고 부드럽게 깨무는 방법을 익히지 못한 개는 놀이 상대를 다치게 해 서로 진짜 싸움이 벌어지기도 한다. 이런 개는 많은 개들이 모여 노는 공원에서 골칫거리가 된다.

수캐는 왜 가슴을 긁어 주면 좋아할까?

텔레비전 프로그램에 출연한 어느 유명한 개 조련사가 다리 사이에 있는 남성을 긁어 주는 것이 매우 중요하다고 말해 스튜디오에 있는 모든 사람이 폭소를 터뜨렸다. 물론 여기서 이 여성 조련사는 수캐가 기분 좋도록 만져 줄 때 가장 좋은 방법이 무엇이냐에 대해 말한 것이다. 사실 사람들이 애완견과 유쾌한 신체 접촉을 할 수 있는 방식은 일곱 가지가 있다. 그리고 사람들이 선택하는 접촉방식에는 감춰진 몇 가지 흥미로운 요소가 작용하고 있다.

먼저, 수캐의 앞다리 사이에 있는 가슴 부위를 긁어 주면 개가 정말 좋아한다. 그 이유는 쉽사리 알 수 있다. 수캐가 암캐 뒤쪽으로 올라타 엉덩이 부분을 밀어 넣을 때 수캐의 가슴 부분이 암캐의 엉덩이 부위와 율동적으로 접촉한다. 사람이 손으로 수캐의 가슴 부위를 쓰다듬어 주면 수캐의 가슴속 어딘가에 있는 쾌락의 벨이 자동으로 울리면서 즐거움을 느끼게 된다. 따라서 수캐가 한 어떤 일을 칭찬하고 싶을 때는 이런 특정한 형태의 접촉이 쓸모가 매우 많다.

어떤 개든 귀 뒤를 간질이듯이 만져 주거나 긁어 줘도 즐거움을 느끼는 것 같다. 귀를 핥고 냄새를 맡고 살짝 깨무는 행위는 모두 개들이 구애할 때 드러내는 예비행위 중 일부이기 때문에 이 또한 성적인 의미와 연결되어 있다.

장난기 많은 개를 부드럽게 밀어 내면 개는 훨씬 더 흥분한다. 이런 행동을 통해 사람들이 무심코 개의 놀이 싸움에 끼어들었기 때문이다. 장난을 좋아하는 개는 곧바로 사람에게 뛰어올라 다시 한번 자신을 밀어 내라고 재촉한다. 이쯤 되면 놀이가 계속되면서 깨물기 놀이로 발전해 개는 입으로 사람 손을 부드럽게 물거나 사람이 개의 주둥이를 움켜쥐게 한다. 주인과 개가 서로 부드럽게 이런 동작을 주고받으며 나누는 유쾌한 상호작용은 강아지들끼리 주고받는 것과 마찬가지로 주인과 개 사이에서도 유대를 더욱 강화하는 구실을 한다.

아마 애완견과 개 주인 사이의 신체 접촉 중에서 가장 흔한 것이 개를 가볍게 두드려 주는 행동일 것이다. 이처럼 가볍게 두드리는 행동은 사람에게 각별한 의미를 지닌다. 사람이 친구나 사랑하는 이를 끌어안을 때 이처럼 가볍게 두드리는 일이 많기 때문이다. 개의 등을 가볍게 두드려 주다 보면 사람은 자신도 모르는 사이에 매우 가까운 친구에게 느끼는 친밀감 같은 것을 갖게 된다. 개의 처지에서는 그 의미가 사뭇 다를 수밖에 없다. 개는 서로 등을 두드려 주지 않는다. 그렇다면 사람이 등을 두드려 주는 행위를 개는 어떤 뜻으로 받아들일까? 개는 이런 행동을 '살짝 찌르기'나 '코로 비벼 대기' 같은 접촉으로 풀이하는 듯하다. 살짝 찌르기나 코로

비벼 대기는 강아지 때 어미 배에다 하는 행동이거나 서열이 낮은 개가 지배적인 위치에 있는 개에게 보이는 행동이다. 애완견으로서는 이런 형태의 접촉이 굉장히 보람 있는 일일 것이다. 애완견이 보기에 '등 두드려 주기'는 사람 쪽에서 복종을 나타내는 행동일 것이 분명한데, 개도 사람이 무리의 지배적인 존재임을 알기 때문에 사람의 '등 두드려 주기'를 자신을 안심시키기 위한 몸짓 정도로 풀이한다. 가끔 우두머리 개가 서열이 낮은 개를 안심시키려 할 때 거짓으로 순종하는 듯한 태도를 보여 편하게 해 주는 것처럼 말이다. 사람이 개의 등을 두드려 주는 것이 개에게는 이렇게 비치고 있음이 틀림없다.

털이 길고 매끄러운 개를 다룰 때 사람들은 가볍게 두드려 주는 대신 개가 아닌 고양이를 다루는 것처럼 털을 쓰다듬어 주는 경우가 종종 있다. 이런 행동은 개에게 별다른 감흥을 주지 못하지만, 털을 부드럽게 만져 줄 때의 기분은 갓 태어났을 때 어미 개가 큼직한 혀로 온몸을 핥아 줄 때의 느낌을 되새겨 줄 수도 있다.

특히 어린이들이 개를 껴안고 자는 것을 좋아하는데, 개도 이런 행동을 잘 받아들인다. 개들이 이런 접촉을 잘 받아들이는 이유는 같은 배 새끼들과 어울려 지내던 시절을 떠올리게 하기 때문이다. 어릴 때는 모두 뒤엉킨 채 한 덩어리처럼 지내면서 따듯함과 편안함을 느꼈고, 또 어미가 큰 몸집으로 감싸듯이 하면서 따듯한 보금자리를 만들어 주었다.

끝으로 많은 개는 머리 측면, 특히 아래턱선 주변을 비비는 것을 좋아한다. 사람이 기분이 좋도록 만져 주기도 하지만 개 혼자 어딘가에 비비기도 한다. 입 부위, 특히 이빨에 가벼운 염증이 있을 때 개는 가구의 딱딱한 모서리 부분에 비빈다. 주인이 그 부위를 긁거나 비벼 주면 개는 고맙게 받아들인다.

개가 별로 내켜 하지 않는 일은 소위 때 빼고 광내는 일이다. 그 개가 수상 경력이 있고 애견전시회에 자주 출전하는 개라면 목욕하고 세심한 단장을 하는 과정을 견뎌 내야 한다. 사실 개로서는 몇 시간에 걸쳐 꼼꼼하게 목욕을 하고 머리와 털 손질을 하는 것을 이해할 수 없다. 개들 사회에서 중요시하는 수준을 훨씬 뛰어넘는 몸단장 또한 필요하다. 그러나 주인 집안에서 하급자 신세인 만큼 선택의 여지가 없어 참고 견디는 수밖에 없다. 마치 지배적인 위치의 개에게 위협을 받아 꼼짝 못 하는 것과 같은 처지다. 이처럼 협조적이고 사회성 좋은 개를 가장 가까운 반려동물로 거느리게 되었으니 사람은 복도 많다.

순종적인 개는 어떻게 행동할까?

"순종적인 개는 어떻게 행동할까?"라는 질문에 간단하게 대답하면, "강아지처럼 행동한다"이다. 힘이 약한 성체成體는 힘센 개체로부터 위협을 받으면 청소년 같은 자세를 보이거나 아이 같은 행동을 드러낸다. 상대의 위협에 맞서면서 심각한 다툼으로 빠져들 위험을 감수할 용기가 없을 때 동물은 백기를 흔드는 식의 동작에 기대야 한다. 문제는 공격적인 상대의 기분을 풀어 줄 만한 행동이나 자세를 찾아내는 일이다. 이때 위협적인 표현과 반대되는 태도를 택

하는 것이 한 가지 방법이다. 예를 들면, 어떤 종의 동물이 공격 준비를 할 때 머리를 낮춘다면 순종하는 동물은 고개를 들어 올리면 된다. 다른 종의 동물이 공격하려 할 때 키가 커 보이도록 머리를 든다면 순종하는 동물은 머리를 얌전하게 내린다. 공격하려는 동물이 털을 세운다면 순종하는 쪽에서는 털을 눕힌다. 또 공격하려는 쪽의 키가 크다면 순종하는 쪽은 몸을 웅크린다. 이런 식으로 정반대의 자세를 취하면 된다. 그러나 동물이 활용하는 달래기 전략의 기본적인 형태는 이것 말고도 한 가지가 더 있다.

두 번째 해결책은 공격하려는 개의 적대감을 누그러뜨리는 기분을 자아냄으로써 그런 적대감을 가라앉히는 것이다. 보통 성견은 어린 개를 공격해서는 안 된다는 강한 금기를 지니고 있으므로 다 큰 개라도 갑자기 강아지 같은 행태를 꾸며 보이면 공격을 막는 효과를 기대할 수 있다.

개는 상황에 따라 두 가지 대응책을 갖고 있다. 소극적 복종이 필요할 때와 적극적 복종이 필요할 때, 각각의 상황에 맞게 활용한다. 힘이 약한 개가 소극적 복종을 나타낼 때는 선택의 여지가 없는 경우이다. 공격하려는 개가 접근해 위협을 하면 약한 개는 가능한 한 몸집이 작게 보이게 하려고 납작 엎드린다. 이런 자세로도 상대의 공격을 멈추게 하지 못하면 뒤로 발랑 눕고, 네다리는 공중에 축 늘어지게 만든다. 이런 자세를 취할 때 개는 오줌을 약간 지릴 수도 있다. 오줌을 지리는 것은 아주 어렸을 때의 행동을 흉내 낸 것이다. 태어난 지 얼마 안 되었을 때는 오줌을 누게 하려고 어미가 다가와 온몸을 핥아 준다(태어난 지 며칠 안 되는 강아지는 혼자 오줌을 누지 못한다. 그 때문에 어미 개가 코로 새끼를 밀어 뒤집어 놓고 배를 계속 핥아 주면 오줌이 흘러나오기 시작한다). 순종적인 성견은 자발적으로 이런 자세를 취함으로써 개의 몸짓 언어 중 가장 효과가 큰 유아기적 신호를 보낸다. 이런 자세는 대체로 성공을 거둬 공격적인 개의 적대감을 마술처럼 싹 없앤다.

　적극적인 복종에는 다른 방책이 필요하다. 힘이 약한 개가 지배적인 위치에 있는 개에게 다가가고자 할 때 뒤로 누워 네다리를 든 채로는 접근할 수 없다. 다가가는 의도에 적대감이 전혀 없다는 점을 나타내기 위해 다른 유화책을 찾아야 한다. 나이 든 성견에게 강아지가 하는 행동 가운데 하나를 그대로 따름으로써 이 문제는 해결된다. 웅크린 자세로 얼굴 핥기가 이런 행동에 대한 가장 적절한 묘사일 듯하다. 태어난 지 한 달 정도 되면 강아지는 성견들에게 먹이를 달라고 보채기 시작한다. 강아지는 성견의 입에 코를 대고 비비는 동작으로 그런 의사를 나타낸다. 뒤이어 얼굴을 핥고 머리로 쿡쿡 찌른다. 이런 행동은 성견이 음식을 조금 토해서 줄 때까지 이어진다. 적극적 순종도 같은 형태를 보인다. 여기서 문제는 순종하는 개의 몸집이 지배적인 개와 거의 비슷하다는 데 있다. 비슷한 몸집의 개가 '우두머리 개'에게 불쑥 다가와 얼굴을 핥는 것은 너무 독단적인 행동으로 비칠 것이다. 이런 오해를 피하기 위해 힘이 약한 개는 몸을 반쯤 웅크린 자세로 낮춘다. 그러면 몸체의 높이가 '강아지 수준'으로 알맞게 조정된다. 그런 뒤에는 머리를 들고 우두머리 개의 입 쪽으로 다가갈 수 있다. 이런 식으로 필요로 하는 어린 강아지다운 태도를 보여 준다.

이처럼 서열이 낮은 성견도 어릴 때 먹이를 보채는 식의 태도를 취함으로써 공격당할 위험을 무릅쓰지 않고도 무리 안의 어떤 개에게나 접근할 수 있다. 개는 이런 방법으로 반복적으로 다투지 않고 서로 가깝게 지낼 수 있다.

싸움에서 진 개는 공격한 개에게
순순히 목을 내줄까?

싸움에서 진 개는 순순히 목을 내줄까? 아니, 그렇지 않다. 이런 질문을 던진 이유는 오스트리아의 유명한 동물학자 콘라트 로렌츠가 관련 언급을 많이 했기 때문이다. 로렌츠는 잔인하고 공격적인 늑대(또는 개)가 경쟁 관계에 있는 상대를 꺾고 막 물어 죽일 듯이 하는데, 패배한 쪽이 곧바로 머리를 돌려 공격받기 쉬운 목을 드러내는 것을 보았다고 밝혔다. 그 때문에 목의 핏줄이 공격하는 개의 커다란 이빨에 그대로 노출되면서 싸움에서 진 개의 생명은 갑자기, 그리고 의도적으로 공격하는 개의 자비에 맡겨지게 된다. 공격하던 개는 패한 개의 행동을 '링 안에 수건을 던지거나 백기를 드는' 것과 같은 행동으로 곧장 받아들여 기사도 정신을 발휘해 패한 개의 항복 신호를 접수하고 잔인하게 깨무는 행위를 중단한다. 로렌츠는 신사다운 이런 행동에 깊이 감명받았고, 이를 바탕으로 자신의 이론 전반을 세워 나갔다.

그러나 불행히도 로렌츠의 이론은 개의 행태를 완전히 잘못 판단한 데 바탕을 두고 있다. 로렌츠는 한쪽 개가 고개를 돌린 채 굳어 버린 듯 가만히 서 있고, 다른 쪽 개는 냄새를 맡은 뒤 입가를 깨무는 모습을 관찰했다. 그는 다른 개를 깨무는 개를 지배적인 위치에 있는 공격자로 보고, 계속 깨물고 싶었으나 그 개가 '상처를 입기 쉬운 부위를 내보인' 탓에 깨물 수 없었다고 판단했다. 하지만 실제로는 역할이 정반대다. 깨무는 쪽이 적극적인 순종을 드러내는 낮은 서열의 개였다(이러한 표현 방법은 어린 강아지들이 먹이를 달라고 보채서 어미나 아비 개가 먹은 것을 게워 내게 하는 행동을 그대로 모방한 것이다). 또 뻣뻣한 자세로 고개를 홱 돌리는 쪽이 우위를 차지한 개로, 약세를 보인 개의 순종적인 태도에 경멸하며 눈길을 돌린 것이었다.

매우 드문 일이지만 개싸움이 정말 심각해질 때에도 '목을 내보이는' 일은 없다. 싸움에 진 개는 가능한 한 빨리, 또 멀리 도망가는 것이 유일한 살길이다. 그렇지 않으면 목숨을 잃을 수도 있다. 들개(또는 야생 늑대) 무리를 떠난 어린 수캐들은 보통 이런 이유로 버림받은 개들이다. 지배적인 위치에 있는 개에게 제대로 도전을 했다가 싸움에 졌다면 그 개는 그 무리를 떠나 홀로 살거나 아니면 다른 무리에서 쫓겨난 개와 새로 무리를 만들어 살아야 한다.

사람 사는 집에서 지내는 애완견에게는 개싸움에서 빚어지는 이런 상황이 아무런 의미가 없다. 그들에겐 우두머리 개가 곧 주인인데, 그는 워낙 막강해서 그와 감히 다툼을 벌일 수 없다. 따라서 상냥한 복종과 안온한 생활을 누리던 이 애완견들이 낯선 집배원과 맞닥뜨리면 그런 평온이 깨진다. 먼저, 애완견은 이 낯선 사람을 다른 무리의 일원으로 보고 왜 왔는지를 따져 물을 것이다. 그때 불운하게도 어쩌다 이 집배원이 로렌츠가 펴낸 책 중 어느 하나를 읽고 자신에게 달려드는 개에게 목을 내밀었다가는 정말 충격적인 일을 겪게 될지도 모르겠다.

개는 왜 겁이 나면
꼬리를 내려 다리 사이에 감출까?

　사람들은 이런 꼬리 움직임이 무엇을 의미하는지 모두 알고 있다. 그런데 개의 몸짓 언어 중에서 왜 이런 별난 행동이 등장한 것일까? 어째서 꼬리를 내리는 자세가 두려움과 불안, 복종, 양보, 그리고 낮은 서열의 표시와 연결되고, 꼬리를 곧추세우는 자세는 지배와 높은 서열을 나타내는 징표가 되는 것일까? 해답은 꼬리 그 자체에 있는 것이 아니라 꼬리 아래에 있다. 겁에 질린 개는 꼬리를 내린 다음 뒷다리 사이로 꽉 말아 올려 항문 부위에서 나는 냄새 신호를 사실상 차단한다. 서열이 높은 개 두 마리가 만나는 경우, 두 개는 각자의 꼬리를 바짝 쳐들어 항문 주위를 자세하게 살펴볼 수 있게 한다. 항문 쪽 분비샘은 개마다 독특한 냄새를 풍겨

개를 구별할 수 있게 해 주기 때문에 꼬리를 뒷다리 사이에 끼우는 행동은 불안감을 느끼는 인간이 자기 얼굴을 가리는 것과 같다.

혼자서 주인 가족과 사는 애완견이라면 이런 행동을 보이는 것이 별로 중요하지 않다. 그러나 개가 무리 지어 살 때는 상대적 지위와 위계질서가 중요한 만큼 이런 신호나 행동은 무리 안의 약한 개를 강한 개로부터 보호하는 데 결정적인 구실을 한다. 야생의 늑대 사회에서도 이런 행동은 매우 중요하다. 늑대 무리에서 서열이 낮은 늑대가 지배적인 위치에 있는 늑대에게 접근할 때에는 꼬리를 내리고, '우두머리 늑대' 곁을 가까이 지나갈 때에는 뒷다리 사이에 꼬리

를 꽉 끼우는 것을 관찰할 수 있다. 그런 다음 일정한 거리를 벗어나면 다시 꼬리를 올리고 움직인다.

    이처럼 꼬리로 의사를 표현하는 방식과 관련해 집개와 옛 들개 조상 사이에는 한 가지 흥미로운 차이가 있다. (개는 그렇지 않지만) 늑대는 모두 꼬리에 특이한 꼬리 분비샘이 있다. 이 분비샘은 꼬리 기저부에서 약 8cm 정도 떨어진 곳에 반점 모양으로 자리 잡고 있으며, 끝이 검은 빳빳한 털로 둘러싸여 있다. 이 조그만 피부 분비샘은 변형된 여러 피지선이 뭉쳐진 형태로 여기에서 지방질 분비액을 내보낸다. 이 분비샘은 항문 분비샘처럼 오로지 냄새 신호를 내보내는 구실만 하는데, 꼬리 외부에 위치를 잡은 것에는 예사롭지 않은 의미가 담겨 있다. 즉, 그 자리는 일종의 위장지대로서, '냄새 맡는 위치'를 제공한다. 늑대가 다른 늑대의 엉덩이 쪽 냄새를 맡기 위해 접근할 때 꼬리를 들고 있으면 그쪽 냄새(항문 분비샘 냄새)만 맡겠지만 같은 자세에서 꼬리를 내리고 있으면 다른 냄새(꼬리 분비샘 냄새)를 맡게 된다. 이로 미뤄 볼 때 늑대의 냄새 신호 방식이 집개보다 복잡하다는 점을 알 수 있다.

개가 이런 꼬리 분비샘 신호를 포기한 이유가 어디에 있는지는 전혀 알려지지 않았다. 지난 1만 년 동안 늑대에서 개로 진화하는 과정에서 나타난 다른 온갖 변화는 품종 개량가들의 의도에 따라 선택적으로 개량된 결과였다. 이런 과정을 통해 개의 여러 특성이 개량되면서 오늘날처럼 다양한 품종의 개들이 수없이 등장했다. 그러나 늑대 꼬리 분비샘의 기능은 아주 최근에 와서야 논의의 대상이 되었기 때문에, 꼬리 분비샘이 어떻게 지난 수백 년간의 품종 개량 추세의 초점이 될 수 있었는지는 알 수 없다. 모든 품종의 개에서 이런 분비샘이 완전히 사라진 것처럼 보이므로 이 문제가 (인위적 진화의) 초기 단계에서 배제되었다는 것만은 분명하다. 늑대와 개 사이의 한 가지 뚜렷한 차이로서 현재까지 완전한 미스터리로 남아 있는 것이 바로 이 분비샘이다.

끝으로 개와 늑대가 꼬리를 올리고 내리는 동작을 통해 나타내고자 하는 의사를 요점만 정리하면 다음과 같다. 먼저, 일차적으로 냄새 신호를 바꾸려는 의도임은 의심의 여지가 없다. 그다음으로 시각적인 메시지 전달 또한 중요하다. 동물들끼리 서로 부딪치는 모습을 멀리서 어느 동물이 맞닥뜨렸다 할 때, 실루엣만으로도 어느 쪽이 우위에 있고 어느 쪽이 열세인지를 한눈에 알아볼 수 있다. 즉, 위계관계에 어떤 변화가 생길지와 약한 쪽이 강한 쪽에 대항해 마침내 도전하기 시작할지 아닐지를 가려내는 일도 그저 한번 슬쩍 보기만 하면 되는 것이다.

'우두머리 개'는 어떻게 처신할까?

주인이 보기에 개가 사람을 대하는 태도는 대체로 상냥하거나 순종적이다. 사람이 '무리'를 지배하는 진짜 강자이기 때문이다. 그러나 개 여러 마리가 함께 지내는 곳에서는 '우두머리 개'가 서열이 낮은 개를 다루는 여러 방식을 관찰할 수 있다.

무리를 지배하는 개가 도전을 받으면, 폭력을 써야 할 상황을 만들지 않으면서 건방진 개를 제압하려는 의도로 위협적인 행동을 보인다. 기본적으로 이런 위협적인 행동의 과시는 두 가지 효과를 노린다. 첫째는 지배적인 위치에 있는 개를 더 크고 강하게 비치게 만드는 것이고, 둘째는 공격이 필요할 경우 곧바로 행동으로 돌입할 의사가 충분히 있음을 과시하는 것이다. 이 정도면 보통 도전에 나선 개를 겁먹게 하기에 충분하다.

위협적인 행위의 과시는 다음과 같은 열 가지 특유의 요소를 갖추고 있고, 이런 요소 하나

하나는 적에게 보내는 특별한 신호 구실을 한다.

1. 윗입술은 위로 아랫입술은 아래로 끌어당겨 이빨을 드러낸다. 송곳니와 앞니를 드러냄으로써 위협하는 개가 상대의 몸에 엄니를 박아 넣을 준비가 되어 있음을 내보인다.

2. 입을 벌려 턱으로 꽉 깨물 수 있음을 보여 준다.

3. 입꼬리를 앞으로 끌어당긴다. 이런 동작은 상냥하고 장난기 많고 순종적인 표정과는 정반대의 모습으로, 순종적일 때는 입꼬리가 귀 쪽, 즉 뒤로 당겨진다. 개의 이런 위협적인 면을 볼 때면 개가 친근감을 들게 하지도, 장난스럽지도, 순종적이지도 않다는 점이 명확하게 드러난다.

4. 귀가 바짝 서고 앞쪽으로 향한다. 귀가 축 늘어진 개는 귀를 세우는 척 용감한 시도를 하기도 한다. 맞선 상대에게 자신이 극도의 경계상태에서 숨길 수 없는 공포의 소리나 공격의 기미를 듣고 알아채려 하고 있음을 보여 주려는 것이다. 또한, 공격하는 개가 너무 자신만만해서 귀를 눕혀서 (귀를) 보호할 필요가 없다는 점도 과시한다.

이상은 얼굴 표정으로 위협을 드러내는 요소들을 설명한 것이다. 얼굴 이외의 다른 신체 부위도 그런 신호를 보내 준다.

5. 꼬리를 곧추세운다. 순종적인 개가 뒷다리 사이에 꼬리를 끼워 넣는 자세와는 대조를 보인다. 꼬리를 빳빳하게 세워 특이한 냄새를 풍기는 항문 부위를 드러내는 것이다. 다른 개들은 이런 냄새로 그 개를 가려낸다(반면 꼬리를 내리고 있는 개는 자신의 정체를 감추려는 것이다). 이처럼 공격적인 자세를 취하는 개는 꼬리를 들어 항문 부위를 드러냄으로써 약세

를 보이는 개가 자신의 존재를 정확히 파악하게 만든다. 위협적인 자세를 보이는 개는
자신의 신체를 가능한 한 크게 보이게 하려 애쓴다.

6. 개에게는 어깨 주변과 등 쪽, 궁둥이에 빳빳하게 털을 세울 수 있는 부위가 있다. 갈기
같은 털로 덮인 이 부분이 곤두서는 때는 개가 가장 맹렬히 위협적인 행동을 보일 때다.

7. 이와 동시에 네다리를 쭉 뻗기 때문에 갑자기 몸집 전체가 무서울 정도로 커지고 강해진 것처럼 보인다.

8. 다시 흔들림 없는 강렬한 눈빛으로 쏘아보면 그 효과는 더욱 커진다.

9. 목구멍 깊숙한 곳에서 끌어올리는 듯한 소리로 으르렁거린다.

10. 몸 전체가 극도의 긴장 상태를 보이면서 곧추세운 꼬리 부위가 흔들린다.

이런 무시무시한 모습은 상대 대부분을 위축시켜 소리 없이 도망치게 만드는 데 부족함이 없다. 이런 위협적 행동은 지배적 위치의 개가 자신의 지위에 도전하는 상대가 있다고 느끼는 심각한 대결 상황에서 사용된다. 이보다 긴장이 덜한 상황이라면 지배적인 위치에 있는 개는 간간이 자신의 힘을 일깨워 주는 선에서 그친다. 이런 때는 물론 다른 형태의 과시 방법을 활용한다. 그중 하나가 지배적인 개가 서 있거나 누워 있던 약한 개를 일부러 밀어붙이는 식으로 일종의 의례적 공격을 하는 것이다. 이때 우두머리 개는 서열이 낮은 개의 진로를 막아서듯, 그 개의 앞을 가로질러 위치를 잡고서 '내가 네 행동을 통제하고 있다'라는 메시지를 전달하기에 부족함이 없을 만큼 오랫동안 그 위치에 꼼짝도 하지 않고 서 있다. 다른 방법은 뒤에서 올라타는 형태다. 우두머리 개가 약한 개의 뒤쪽에서 올라타고 앞발을 그 개의 등이나 어깨에 올려놓는 식이다. 이런 움직임은 뒤에서 올라타고 교미를 시작하는 첫 번째 동작인데, 이 경우는 교미와 전혀 무관한 동작이다. 사람으로 치면 '염병할'이라는 소리가 나오는 상황과 비슷한 것이다.

우위에 있는 개가 하위에 있는 개에게 누가 우두머리인지를 알리는 다른 방법으로는 기습 위협과 매복 위협을 가하는 것이다. 기습 위협은 마치 상대에게 갑자기 달려들 것 같은 몸짓을 보이는 것인데, 실제로 그럴 생각은 없다. 또 매복 위협은 숨어서 기다리는 듯이 몸을 웅크리지만 그러는 장소는 사실 상대에게 훤히 보이는 위치다. 어느 경우든 하위에 있는 개는 그 뜻을 즉각 알아차리고 알아서 움직인다.

이런 다양한 형태의 위협은 모두 우두머리 개가 서열이 낮은 개에게 자신의 높은 서열을 상기시키려는 행위다. 그러나 여러 마리의 개가 함께 지낼 때는 우두머리 개가 이런 위협을 너무 자주 보일 필요는 없다. 그런 환경에서는 평소 무리 내 상하 관계가 확실하게 잡혀 있어 서로 원만하게 잘 지내기 때문이다. 협동 사냥이 성공적인 진화의 관건이 되었던 종에서는 우두머리 개(또는 우두머리 늑대)가 너무 횡포를 부리지 않는 것이 꼭 필요하다.

개는 왜 뼈다귀를 땅에 묻을까?

집에서 기르는 개가 가끔 뼈다귀를 땅에 묻는 이유를 알려면 야생 늑대의 사냥법을 살펴봐야 한다. 늑대는 사냥감이 들쥐처럼 자그마할 때는 혼자 살금살금 접근해 뒤쫓다가 확 달려들어 잡는다. 이때 사냥감은 늑대의 앞발 아래에서 옴짝달싹 못 한 채 몇 차례 깨물린 다음 게걸스럽게 먹어치우는 늑대의 먹이가 된다. 산토끼처럼 약간 큰 사냥감도 마찬가지 과정을 거쳐 먹이가 된다. 이 정도 크기의 먹잇감은 심하게 요동치더라도 보통 몇 차례 더 깨무는 것으로 충분히 제압할 수 있다. 산양이나 조그만 사슴처럼 중간 크기의 먹잇감은 목을 물어 죽인다. 늑대는 이런 동물의 목숨을 불과 몇 초 만에 끊어 버린다. 들쥐부터 산양에 이르는 크기의 사냥감은 땅에 묻는 식으로 먹이를 비축할 필요가 없다. 조그만 사슴 정도는 늑대 몇 마리가 달려들어 순식간에 먹어치울 수 있기 때문이다. 다 큰 늑대 한 마리는 앉은 자리에서 한 번에 약 9kg의 고기를 삼킬 수 있고 하루 24시간 동안 무려 약 18kg을 먹을 수 있다.

늑대 무리는 큰 사슴이나 소, 말처럼 덩치가 매우 큰 사냥감을 잡았을 때만 남은 먹이를 어떻게 처리해야 할지 고민한다. 대체로 늑대는 배를 실컷 채우고 나서 남은 먹이를 그 자리에 두었다가 나중에 다시 와서 먹는다. 그러나 늑대 무리를 구성하는 개체 수가 적고, 그 가운데 다 자란 늑대도 몇 마리 안 되면 고깃덩어리를 큼지막하게 떼어 내 땅에 묻어 두기도 한다. 까마귀나 갈까마귀, 독수리처럼 썩은 고기를 먹는 동물로부터 먹이를 지키기 위해서다. 그뿐만 아니라 한여름에 먹이를 그대로 놓아두면 파리와 구더기가 들끓는데, 이를 막기 위해서이기도 하다. 묻는 곳은 대체로 사냥감을 잡은 장소 근처이지만, 은신처인 굴까지 고깃덩어리를 물고 와 감춰 두는 경우도 있다.

먹이를 파묻는 과정을 보면, 먼저, 고깃덩어리를 입에 문 채 앞발로 구덩이를 파서 적당한 깊이가 되면 입을 벌려 고기를 구덩이에 넣은 뒤 코로 흙을 밀어 위를 덮는다. 늑대는 고양이와 달리 자신이 판 구덩이에 다시 흙을 밀어 넣는 데 앞발을 쓰는 일이 없다. 구덩이를 다 메우고 나면 코로 몇 차례 다지는 듯한 동작을 한 뒤 현장을 떠난다. 늑대는 다음 날 돌아와 앞발로 고기를 파내 입에 물고 머리를 한 차례 세차게 흔들어 먹이에 붙어 있는 흙을 털어낸 다음 그 자리에 앉아 비축해 두었던 먹이를 즐긴다.

다시 집개 문제로 돌아가면, 남은 먹이를 땅속에 묻어 두게 만드는 상황이 어떤 것인지 이

제 쉽게 알 수 있다. 먼저, 배를 채우고도 남는 먹이가 있어야 한다. 굶주리게 되면 개는 조상인 늑대와 마찬가지로 먹을 수 있는 것이면 무엇이든 먹게 된다. 그러나 먹고 남은 것이 있을 때만 그것을 뜰로 가져와 묻을 것이다. 요즘 애완견을 기르는 가정은 주인이 먹이를 넉넉하게 줘 남기는 경우가 많은데, 그렇더라도 이런 상업용 개 사료를 다른 곳으로 가져가 구덩이를 파는 동안 턱으로 물고 있기란 불가능하다. 개 밥그릇에 담아 주는 먹이가 부드러운 사료뿐이기에 입으로 옮겨 땅에 묻을 기회조차 없는 셈이다. 만약 사료 대신 큰 뼈다귀를 먹이로 준다면 남는 것을 어디로 가져가 구덩이를 파고 그 속에 감춰 둘 수 있을 것이다.

개가 배불리 먹지 않았고 실제 남아도는 식량이 없는데도 묻어 둘 먹이로 뼈다귀를 좋아하는 이유는 쪼개 먹을 수 없는 큼직한 뼈다귀의 경우, 본질적 특성 때문에 '지금 당장 먹을 수 없는' 먹이로 인식하기 때문이다. 굶주린 개조차도 뼈다귀를 묻어 두게 하는 것이 바로 이러한 '남은 먹이'라는 특성이다.

애완견 중 일부는 부드러운 먹이를 충분히 먹으면서도 남은 먹이를 감추는 기이한 행동을 한다. 이들 애완견은 밥그릇에 남긴 먹이가 맛있는 것인 줄 알지만, 배가 고프지 않은 만큼 남은 먹이를 그릇째로 방 한구석에 숨겨 둔다. 그러한 경우 밥그릇 숨겨 두기는 단편적 행동일 뿐이다. 일반적으로 이때 개는 코로 먹이를 '감춰 두는' 동작을 하는 것에 지나지 않는다. 종종 접시를 바닥을 따라 밀지만 별다른 효과가 없으므로 이내 그만둔다. 개의 이런 행동은 주인이 개에게 먹이를 너무 많이 주고 있다는 것을 말해 준다. 쓰레기를 뒤져 먹이를 찾는 동물에게 남은 먹이를 주느니 나중을 생각해 식량을 비축해 두려는 동작이기도 하다.

개는 먹이를 얼마나 자주 먹을까?

사람들은 대체로 애완견에게 하루 두 차례 먹이를 주는데, 이런 먹이와 함께 깨끗한 물을 주면 건강을 유지하는 데 별다른 문제가 없다. 먹이로 주는 것은 다양해서 고기만 먹이지는 않는다. 들개와 야생 늑대는 먹이로 잡은 초식동물의 내장을 듬뿍 먹음으로써 일정량의 식물성 영양성분을 섭취하는데, 집에서 기르는 개도 이와 비슷한 영양소가 필요하다. 그러나 애완견 식단을 채식 위주로 짜는 최근 추세는 육식만 시키는 것보다 더 나쁘다. 개도 사람처럼 잡식동물인 만큼 균형 잡힌 식단이 필요하다.

애완견을 기르는 사람 가운데는 1주일에 하루 정도 개를 굶겨야 한다는 이상한 생각에 빠진 사람도 있다. 늑대는 야생에서 전혀 먹지 못한 채 여러 날 동안 견딜 수 있는데, 이런 사실 때문에 그런 기이한 생각을 하는 것이다. 늑대가 혹독한 환경에서 아무것도 먹지 못한 채 14

일을 버렸다는 기록도 남아 있다. 이처럼 여러 날 굶다가 덩치 큰 먹이를 잡아 죽이면 폭식과 급한 소화 작용이 뒤따른다. 자연에서 이런 일이 벌어지다 보니 이것이 바람직한 식습관처럼 여겨지지만 실제로는 그렇지 않다. 먹이를 풍족하게 즐길 수 있는 안락한 환경에서 산다면 늑대도 하루에 서너 차례씩 끼니를 때울 것이다. 어떤 때는 굶고 어떤 때는 포식하는 (야생) 늑대의 식생활을 집개에 그대로 적용해서는 안 된다.

원시시대에 수렵 생활을 하던 우리의 옛 조상들은 오랫동안 폭식과 굶기를 되풀이하는 식

습관으로도 삶을 이어갈 수 있었다는 사실을 기억할 필요가 있다. 지금 그런 식습관으로 되돌아간다면 생명이야 부지할 수 있겠지만 하루에 몇 끼씩 꼬박꼬박 식사하는 것이 인류의 번창에 훨씬 큰 도움이 된다. 개도 마찬가지다.

양치기 개는 양몰이에
어떻게 그토록 뛰어난 것일까?

수많은 사람이 텔레비전에 등장하는 양몰이 개의 몰이 시범에서 목동과 함께 움직이는 이들 개의 경이로운 몰이 능력에 탄복한다. 이때 사람과 개가 거의 이심전심에 가까운 신비스러운 관계를 맺고 있는 것처럼 보인다. 그러나 이들의 능력이 정말 뛰어나긴 하지만 개의 사냥 행위라는 관점에 비춰 보면 이러한 능력의 발휘는 쉽게 설명될 수 있다. 양치기 개는 그저 능대 조상으로부터 물려받은 본능을 따르되, 옛 사냥 행위를 목동의 요구에 알맞게 변형시킨 것 뿐이다. 그런 점은 늑대 무리가 소리 없이 접근할 때의 모습을 잠시 살펴보면 좀 더 분명하게 드러난다.

늑대 무리에게 둘러싸여 본 적이 있다면 그것은 좀처럼 잊지 못할 경험일 것이다. 새끼 때부터 잘 알고 풍족히 먹이를 먹은 늑대 무리일지라도 그들이 부채꼴 대형으로 서서히 다가와 사람을 에워싼다면 섬뜩한 느낌을 불러오게 마련이다. 곧 잡아먹힐 지경에 이른 사슴이 된 듯한 기분이 들 텐데, 그와 동시에 양 떼를 몰아갈 때 양치기 개가 무엇을 하고 있는지도 바로 이해할 수 있을 것이다. 이리 뛰고 저리 뛰며 양을 모는 양치기 개는 비록 한 마리지만 마치 한 떼의 늑대 무리인 양 애쓰는 것이다. 하지만 그렇게 보일 가능성은 매우 희박하다. 포식자 한 무리가 사냥감 한 마리를 쫓는 것이 아니라 외로운 포식자 한 마리가 수많은 사냥감 전체를 쫓는 것과 같은 형상이기 때문이다. 불쌍하게도 양치기 개 한 마리가 늑대 10마리 몫을 해야 하니, 아무리 놀라운 능력을 지닌 개라도 양몰이 일에 푹 빠져 버린 나머지 너무 빨리 지쳐 버리면 다른 개들보다 훨씬 일찍 죽게 된다. 이는 별로 놀랄 일도 아니다.

양치기 개가 이처럼 체력의 한계에 이르기까지 전력투구하는 이유는 한 장소에 가만히 웅크린 채 변함없이 양 떼를 주시하다 보면 왼쪽과 오른쪽 양편에 늑대가 한 마리도 없음을 깨닫게 되기 때문이다. 개로서는 놀랄 만한 상황이다. 양치기 개는 태곳적 포위망 펼치기를 홀로 감당해야 한다. 그러기 위해 이쪽저쪽으로 달렸다 멈췄다 하는 식의 질주와 웅크리기를 되풀이하면서 늑대 여러 마리가 동시에 에워싸는 듯한 효과를 노린다. 양치기 개에 내재된 늑대의 본능이 적잖이 발휘되는 것이다.

양치기 개가 발휘하는 사냥방식은 네 가지 선천적인 '가르침'을 따르고 있다. 첫 번째는 사냥감을 찾아내면 무리의 다른 늑대들과 사냥감이 떨어진 거리에 발맞춰 자신의 거리도 거의 같도록 서서히 접근해야 한다는 것이다. 두 번째는 자신의 오른쪽 및 왼쪽에 있는 늑대와 같은 거리를 유지할 수 있도록 자리를 잡으라는 것이다. 이 두 규칙을 따르면 늑대들이 자동으로 사냥감을 에워싸는 형태가 된다. 늑대 무리가 사람 주위를 빙 둘러싸는 것을 지켜보면 이 두 가지 가르침이 서로 어떤 영향을 주고받는지를 알 수 있을 것이다. 늑대 무리가 공격 대상을 발견하고 쫓을 때는 한 덩어리처럼 서로 바싹 붙은 채로 다가간다. 그러다가 좀 더 접근하면, 가장 가까이 있는 다른 늑대와의 거리를 점차 넓히면서 공격 대상과의 거리는 일정하게 유지한 채 대형을 펼친다. 이런 식의 포위망 전개는 복잡하고 빈틈없이 진행되는 듯하나 실은 매우 단순한 움직임이다. 양치기 개는 이쪽저쪽으로 위치를 바꿔 가며 양 떼 주위를 부산하게 질주하는데, 양 떼와 나름의 '기본적인 거리'를 유지하는 동시에 한 자리에서 다른 자리로, 동료가 없어 비어 있는 구석을 메우기 위해 그 방향으로 달려간다.

늑대 무리가 사냥할 때 드러나는 세 번째 특성은 매복 공격이다. 어떤 늑대 한 마리가 포위망을 취하고 있는 무리에서 떨어져 나와 사냥감의 눈에 띄지 않는 위치에 몸을 숨긴다. 이 늑대는 가만히 엎드린 채 다른 늑대들이 거의 포위망 속에 빠진 사냥감을 자신이 매복한 위치로 서서히 몰아올 때까지 기다린다. 양치기 개는 이런 매복 활동을 빈틈없이 잘 다듬어 몰이 방법의 한 부분으로 활용한다. 양치기 개가 달리다가 종종 마치 몸을 숨기듯이 땅에 바싹 엎드린 채 양 떼를 주시하는 것이 그런 경우다. 이런 동작이 늑대가 매복할 때 모습과 비슷한데, 양 떼가 움직이기 시작하면 다시 늑대 무리의 포위 활동과 비슷한 움직임으로 돌아간다.

늑대가 사냥할 때 드러나는 마지막이자 가장 중요한 특성은 무리의 우두머리가 담당하는 역할에서 찾아볼 수 있다. 이 '우두머리 늑대'는 여러 가지 활동을 선도하고 특정 사냥감을 고르는 일을 담당한다. 무리의 다른 늑대들은 우두머리의 행동을 주시하면서 그의 지시를 따른다. 이렇게 함으로써 의견이 맞지 않아 사냥을 완전히 망치는 일을 피한다. 양치기 개에겐 목

동이 '우두머리 늑대' 구실을 한다. 그에 따라 양 떼를 어떻게 몰지 결정이 떨어지면 개는 곧바로 그 지시를 따른다.

목동이 양치기 개에게 내리는 열 가지 명령을 살펴보면 다음과 같다.

1. 정지! (그 순간 일체의 움직임을 중지한다)

2. 엎드려! (매복 행위를 좇아 땅에 가만히 엎드린 채 양 떼를 마주 보는 위치에서 노려보듯 주시한다)

3. 왼쪽으로 가! (양 떼의 왼쪽으로 움직이되, 이런 명령이 거듭되면 그 방향으로 양 떼를 빙 돌아 계속 움

직인다)

4. 오른쪽으로 가! (반대 방향으로 동일하게 움직인다)

5. 이리 와! (어디에 있건 목동 쪽으로 달려온다)

6. 달려가! (어디에 있건 간에 양 떼 쪽으로 가까이 달려간다)

7. 되돌아가! (양 떼로부터 물러난다)

8. 천천히! (어떤 일을 하고 있건 간에 그 활동의 속도를 늦춘다)

9. 더 빨리! (어떤 일을 하고 있건 간에 그 활동의 속도를 높인다)

10. 됐어! (양 떼 곁을 떠나 목동 옆으로 되돌아온다)

목동은 개에게 남아 있는 늑대식 사냥 행태를 활용한 이 같은 열 가지 명령을 통해 양몰이 개로부터 정교하면서도 얼핏 복잡해 보이는 여러 가지 활동을 이끌어 낼 수 있다. 목동은 이런 지시를 내리면서 휘파람과 소리치기, 팔 동작을 함께 활용한다.

흥미롭게도, 목동이 양치기 개에게 가르쳐야 할 가장 어려운 문제는 목동 곁을 떠나 양 떼를 몰고 가는 일이다. 이런 행위는 늑대의 사냥방식과 어긋난다. 지배적인 위치에 있는 늑대(곧 목동)는 서열이 낮은 늑대들이 사냥감을 몰고 자신의 시야에서 사라지는 것을 절대로 바라지 않기 때문이다. 그러나 목동에게 개가 완전히 복종하므로 양치기 개는 (목동의 지시에 따라) 이런 행동이 가능하다.

가끔 무능한 양치기 개가 양에게 달려들어 다리를 깨무는 경우가 있다. 이런 행동을 보면 마치 늑대가 하던 집단 공격을 양에게 감행하려는 듯 보이지만 이런 일은 드물다. 선발 육종 방식으로 특정한 종류의 품종(가장 유명한 품종견은 보더콜리)이 개발되기도 했는데, 이런 종류의 개는 추적, 공격, 잡아 죽이기로 이어지는 사냥의 시작(서막), 스토킹(살금살금 다가가기) 기술 동작을 그대로 따르기를 꺼리는 성향을 타고났다.

포인터는 왜 멈춰 서서
방향을 가리킬까?

포인터는 냄새로 사냥을 하는 특수한 품종의 사냥개다. 이 개는 숨어 있는 사냥감을 감지하면 얼어붙은 듯 그 자리에 꼼짝하지 않고 선 채로 방향을 가리키는 기이한 자세를 취한다. 즉, 머리를 낮춘 채 목을 앞으로 쭉 뻗는다. 이때 꼬리도 쭉 뻗어 수평이 되게 하고, 앞발 중 한쪽은 동작 중 멈춰 선 것처럼 허공에 떠 있다. 포인터는 조각상처럼 꼼짝하지 않고 선 채로 그런 자세를 꽤 오랫동안 유지할 수 있다. 다만, 신체 부위 중 특히 꼬리에서만 미세한 떨림이나 움직임이 나타나 이 순간 포인터가 꽤 흥분하고 긴장해 있음을 알 수 있다.

옛날에 어떤 포인터가 몇 시간씩이나 그런 자세를 흐트러뜨리지 않았다고 하는데, 일반적인 사냥 현장에서는 몸을 숨긴 곳에서 사냥감이 뛰쳐나가고 사냥꾼이 총을 발사하면서 그런 긴장된 분위기는 곧 깨진다. 그에 따라 사냥개는 정지 상태에서 풀려나 다시 냄새를 추적하는

활동을 시작한다.

가끔 포인터 두 마리가 한 팀으로 사냥에 나서기도 한다. 한 마리가 사냥에 동원되었을 때는 몸이 나타내는 각도로 사냥감이 숨어 있는 방향을 알려 줄 수 있지만 거리를 알려 주지는 못한다. 그러나 포인터 두 마리가 서로 다른 방향에서 사냥감을 노려보고 있으면 사냥꾼에게 좌표를 제공함으로써 방향과 거리를 함께 알려 줘 사냥감의 숨은 위치를 정확하게 파악할 수 있다.

사냥할 때 포인터의 동작은 부자연스러워 보이지만 그렇다고 일부러 꾸민 행동은 아니다.

늑대들이 처음 사냥감의 냄새를 맡으면 우두머리 늑대는 걸음을 멈추고 서 있는 동작으로 사냥감이 있는 방향을 가리킨다. 그러면 무리의 다른 늑대들도 그 방향을 잡아 냄새를 포착하려 한다. 늑대들 모두 사냥감의 냄새를 포착하기까지 멈췄다가 곧 다음 단계의 사냥 작전으로 들어간다. 꼼짝하지 않고 서 있는 포인터의 동작은 늑대의 이 같은 동작 멈춤과 같다. 포인터의 사례에서만 엿볼 수 있는 한 가지 기이한 특징은 '얼어붙듯이 꼼짝하지 않는 순간'을 계속 유지할 수 있다는 것이다. 결국 포인터라는 품종의 특수성은 방향을 가리키는 행위 자체가 아닌, 그런 행위를 오래 계속한다는 데 있다.

세터는 사냥감이 있는 방향을 앉은 자세로 알려준다. 포인터가 정지된 동작으로 방향을 보여 주는 것과 흡사하다. 둘 사이에 차이가 있다면 세터는 숨어 있는 사냥감의 냄새를 포착하면 그 사냥감이 있는 쪽을 향해 계속 앉아 있다는 것뿐이다. '세터setter'라는 이름도 '앉아 있는 대상sitter'이라는 단어의 구식 표현이다.

세터의 행동은 늑대의 방향 가리키기 기술보다 매복 전술에서 더 많이 따온 듯하다. 사냥 과정에서 어느 단계에 이르면 특정한 늑대 한 마리가 원형으로 빙 돌아 어느 위치에 몸을 숨기고 다른 늑대들이 그 방향으로 사냥감을 몰아오기를 기다린다. 세터는 늑대의 이런 사냥 과정의 일부를 '확장'해 자기 품종의 특질로 만든 것으로 보인다.

총에 맞은 사냥감을 뒤쫓아 가 사냥꾼에게 가져다주는 리트리버의 행동도 늑대의 사냥 활동 중 일부를 따왔다. 야생 늑대들은 새끼를 낳는 암컷 늑대나 아직 어려 사냥 활동에 나서지 못하는 새끼들에게 먹이려고 먹이를 물고 굴로 돌아온다. 사냥감을 되찾아 오는 사냥개를 만들기 위해 개 품종 개량업자들은 먹이를 나누는 이런 바람직한 성향을 오랜 세월에 걸쳐 활용했다. 먹이를 물고 굴로 돌아가는 행동은 개와 놀 때 사람들이 가장 좋아하는 놀이, 즉 나무토막이나 공을 던지면 달려가서 물고 돌아오는 놀이의 바탕이 되었다.

개는 왜 풀을 뜯어 먹을까?

고양이와 개는 육식동물인데도 가끔 풀밭에 들어가 풀을 뜯어 먹는다. 그러나 먹기는 해도 삼키는 것은 아주 소량이다. 이로 미뤄 보건대 식물의 고형물보다는 줄기에서 나오는 즙에 관심이 더 많은 듯하다. 고양이의 경우, 육식에서 부족한 비타민을 엽산의 형태로 보충하기 위해 이런 행동을 한다는 것이 가장 최근의 설명이다. 엽산은 이름에서 드러나듯 식물의 잎 속에 들어 있다. 개도 마찬가지일 법하지만 다른 설명도 가능하다.

개를 기르는 몇몇 사람들은 개의 소화 기능이 엉망이 되어 배탈을 났을 때 개가 잔디밭으로 나가 풀을 뜯어 먹었다고 말한다. 풀을 먹은 뒤에 집으로 돌아와 방금 뜯어 먹은 풀을 토하는 경우가 잦다. 이런 점에 비춰 어떤 사람들은 개에게 섬유소가 많이 들어 있는 먹이를 주어야 하고 애초에 배탈이 난 것도 섬유소가 부족한 먹이 탓이라고 말한다. 이런 상황에서 개 먹이로 적합하지 않은 풀을 뜯어 먹으면 뱃속을 더 엉망으로 만들어 결국 토하게 된다.

일종의 구토제로서 소화가 안 되는 풀을 일부러 뜯어 먹어 개가 스스로 아프게 한다는 견해도 있다. 그러나 개는 아주 쉽게 토하기 때문에 이런 주장은 거의 근거가 없는 이야기다.

개의 시력은 얼마나 좋을까?

개는 시력이 좋으나 사람의 시력과는 몇 가지 면에서 차이가 있다. 오랫동안 개는 색맹이어서 완전히 흑백만 있는 세상에 사는 것으로 알려졌다. 지금은 그렇지 않다는 것을 알지만 개에겐 색이 그다지 중요하지 않다는 것만큼은 사실이다. 개 눈의 망막에 있는 시신경 세포인 간상체와 추상체의 비율을 보면 사람보다 간상체가 훨씬 높다. 간상체는 어둑어둑한 곳에서 흑백을 가리는 시력에 도움을 주고, 추상체는 색을 구별하는 데 쓰인다. 개의 눈은 '간상체가 많기' 때문에 주요 활동 시간대로 새벽과 해 질 무렵을 선호하는 일과에 딱 알맞도록 적응돼 있다. 해거름 리듬이라 불리는 이런 일과는 대다수 포유류의 전형적인 생활방식이다. 사람은 보통 낮에 활동하는 만큼 시각과 관련해서는 전형적인 포유류가 아니다.

개의 눈에 얼마 안 되긴 하나 (색을 구분하는) 추상체가 있다는 사실은 사람처럼 천연색의 자극에 흥분할 정도야 아니겠으나 최소한 주변 환경의 채색 상태를 어느 정도까지는 구분할 수 있음을 나타낸다. 뛰어난 눈 전문가인 고든 월즈는 이와 관련해 매우 설득력 있는 견해를 밝혔다. "(개처럼) 간상체가 많은 반야행성 동물에겐 아무리 선명한 스펙트럼 빛도 기껏 정체불명의 엷은 파스텔 빛깔로 비칠 뿐이다." 그래도 파스텔 색깔로나마 비치는 것이 없는 것보다는 낫다. 또한 개와 함께 시골길을 산책할 때 개가 조금이나마 색깔을 분간할 수 있다고 생각하면 즐거운 기분이 든다.

어둑어둑할 때는 개의 시력이 사람보다 좋다. 개의 망막 뒤에는 빛을 반사하는 반사판이라는 층이 있는데, 이 반사판이 이미지의 감도를 증폭시키는 구실을 함으로써 조도가 낮더라도 그 적은 빛을 더 잘 활용할 수 있다. 고양이도 개와 비슷한 기능을 갖추고 있어 어두운 곳에서도 눈이 반짝인다.

개가 동작에는 예민하지만 세부 정보에 대한 민감도는 떨어진다는 점에서 개와 사람의 시력은 차이를 보인다. 예를 들면, 어떤 대상이 개로부터 상당한 거리까지 떨어진 위치에서 움직이지 않고 서 있다면 개는 그 대상을 거의 보지 못한다. 사냥감이 된 동물이 놀라 도망치기 전에 '얼어붙은 듯' 꼼짝하지 않고 서 있는 것도 그 때문이다. 여러 차례 시험해 본 결과 개 주인이 약 300m쯤 떨어진 위치에 가만히 서 있으면 개는 주인을 알아차리지 못하는 것으로 드러났다. 그러나 목동이 이보다 훨씬 먼 약 1.5km쯤 떨어진 곳에서 뚜렷한 동작으로 수신호를 하는 것은 양몰이 개가 확실하게 알아차릴 수 있다. 들개들이 사냥하면서 오랫동안 추적을 계속할 때는 이런 동작(에 대한) 민감성이 매우 중요한 구실을 한다. 사냥감이 도망치고 있을 때 개의 시력은 그 능력을 최고조로 발휘한다.

사냥개에게는 시야의 폭이 넓은 것도 사냥 활동에 도움이 된다. 그레이하운드처럼 얼굴 폭이 좁은 개는 시야의 폭이 270도나 된다. 개 대부분은 시야 폭이 250도 정도이다. 얼굴이 납작한 개는 시야가 이보다 약간 좁다. 그러나 품종과 관계없이 개는 모두 사람보다 시야가 넓다. 사람의 시야 폭은 180도에 불과하다. 이처럼 개는 주위를 훨씬 폭넓게 살피면서 작은 움직임도 알아채지만 반대로 양안시(좌우 양쪽의 눈으로 상을 보는 것)의 폭은 사람의 절반밖에 안 된다. 그래서 사람은 개보다 거리 판단능력이 뛰어나다.

개는 얼마나 잘 들을 수 있을까?

낮은 소리를 듣는 능력은 개나 사람이나 얼추 비슷하다. 그러나 소리의 음조가 높을 때는 개가 사람보다 훨씬 뛰어나다. 사람은 어릴 때 가청 주파수 대역의 상한이 3만 헤르츠(Hz)쯤 된다. 이런 대역은 성년이 될 즈음 2만 헤르츠로, 다시 은퇴할 나이가 되면 1만 2천 헤르츠로 떨어진다. 개의 가청 주파수 대역의 상한은 초당 3만 5천에서 4만 헤르츠이지만 최근 러시아의 연구 결과에 따르면, 이 상한이 무려 10만 헤르츠까지 올라간다고 한다.

이처럼 개는 사람에겐 들리지 않는 초음파 영역의 소리도 많이 들을 수 있다. 개가 갑자기 귀를 쫑긋 세우고 경계태세를 보인다면 쥐나 박쥐가 내는 높은 음조의 소리를 들었다고 볼 수

있다. 물론 이런 소리는 사람의 귀에는 전혀 들리지 않는다. 이처럼 예민한 청력을 갖추게 된 것은 개의 옛 조상들의 사냥 욕구와 밀접한 연관성이 있음이 분명하다. 쥐나 다른 조그만 사냥 감의 위치와 움직임을 알아내는 데 이런 뛰어난 청력이 필요했기 때문이다.

　이처럼 사냥 활동을 정교하게 가다듬으면서 생긴 한 가지 부산물을 요즘 애완견에서도 엿 볼 수 있다. 즉, 조그만 신호에도 반응을 보이는 능력인데, 거의 텔레파시에 가까운 행동처럼 보인다. 가장 유명한 사례가 개가 주인이 퇴근해 집에 도착할 때가 되었다는 것을 알아채는 것 이다. 집안의 다른 사람들은 별다른 소리를 듣지 못하지만 개는 그보다 훨씬 앞서 일어나서 정 신을 바짝 차린 채 초조한 모습으로 문 앞으로 나가 주인을 기다린다. 주인이 걸어서 돌아온다 면 개는 거리를 오가는 다른 사람과 구별되는, 주인만의 독특한 걸음걸이를 알아챌 수 있다.

주인이 승용차를 몰고 귀가한다면 도로를 달리는 다른 차와 구별되는, 주인 차의 고유한 소리를 가려낸다.

이런 반응이 믿기지 않는다면 다른 한 가지 사례를 들겠다. 야생 늑대는 최소 약 6.5km 떨어진 거리에서도 다른 늑대가 울부짖는 소리를 들을 수 있다.

개의 코는 얼마나 예민할까?

좋은 냄새건 좋지 않은 냄새건 냄새와 관련해서 사람은 열등한 동물이다. 그러나 개는 냄새와 연관된 온갖 풍경(국면)을 예민하고 민감하게 경험하는데, 개가 고등수학을 이해하지 못하는 것처럼 개의 민감한 후각 능력은 사람의 이해력을 넘어서는 수준이다. 이런 뛰어난 후각 능력을 간단히 설명하기는 어렵다. 일부 근거에 따르면, 개의 냄새 감지 능력은 사람보다 100배나 뛰어나다. 어떤 이들은 100배가 아니라 100만 배라고 주장하고, 또 다른 이들은 100만 배가 아니라 심지어 1억 배쯤 된다고 주장한다. 사실 인간과 개의 후각 능력 비교는 특정 화학물질에 한해서만 타당하다. 어떤 종류의 냄새를 감지하는 능력은 개가 사람보다 거의 나을 것이 없기도 하다. 해당 냄새가 개에게 별다른 의미가 없는 경우, 예를 들면 꽃 냄새 같은 것이 그런 경우다. 그러나 땀 속에 들어 있는 뷰티르산(탄소 원자 수가 4개인 카복실산) 같은 물질을 시험해 본 결과 개의 냄새 감응도가 사람보다 최소한 100만 배나 뛰어나다는 믿을 수 없는 사실이 명확하게 입증되었다.

개가 땀 냄새를 구별하고 감지하는 능력을 과시한 사례들을 보면 매우 인상적이다. 남자 6명이 조약돌을 주워 힘껏 던지는 조약돌 테스트 사례를 살펴보자. 돌을 던진 사람 중 한 사람의 손 냄새를 개에게 맡게 하면 개는 그가 던진 조약돌을 너끈히 찾아온다. 조약돌을 던지려면 던질 준비를 하는 동안 그 조약돌을 쥐고 있어야 하고, 그러는 사이 땀이 돌에 묻어 개의 후각이 그 돌을 찾아내는 데 부족함이 없다. 더욱 놀라운 것은 유리 슬라이드 실험이다. 먼저, 여러 유리 슬라이드 세트 중에서 어느 한 유리에 사람이 손가락 끝을 한 번 살짝 댄다. 그런 다음 이 유리 슬라이드들을 6주 동안 다른 장소에 조심스럽게 보관했다가 다시 꺼내온다. 그런데 실험 대상인 개는 사람 손가락 끝이 살짝 닿았던 유리 슬라이드를 찾아낼 수 있다고 한다.

개는 사람 발에서 나는 땀 냄새를 더 쉽게 찾아내는 것 같다. 사냥개 블러드하운드는 4일이나 지난 사람의 자취를 쫓아 무려 약 160km나 추적할 수 있다. 사람 발에서 나는 냄새가 개에겐 강하게 느껴지기 때문에 여러 사람의 발자국이 뒤섞이고, 모두가 신발을 신은 곳에서도 개는 특정한 사람의 발자국을 가려낼 수 있다.

개의 코에는 냄새 감수성 세포가 2억 2천만 개나 있어(사람의 코에는 500만 개뿐이지만) 이런 판별이 가능한데, 이런 능력을 활용해 무엇인가를 찾아내는 여러 가지 활동에 개의 도움을 받는다. 그러나 어떤 활동에서는 확실한 도움을 받는 반면, 어떤 활동에서는 그렇지 못하다. 블러드하운드가 도망간 노예와 나중에는 탈옥한 범법자를 뒤쫓아 찾아내는 데 활용되었다는 사

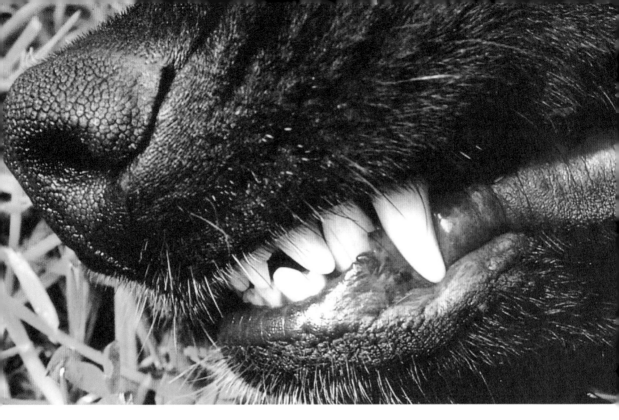

실은 널리 알려졌지만, 쌍둥이가 일란성인지 이란성인지를 가려내는 데 이용되었다는 사실은 그다지 널리 알려지지 않았다. 사람 개개인의 체취는 유전에 따라 물려받기 때문에 일란성 쌍둥이의 체취는 똑같고, 따라서 개는 쌍둥이를 체취로 구별하지 못한다. 그러나 일란성이 아니라 이란성 쌍둥이라면 체취가 다르기 때문에 개가 쉽사리 구별할 수 있다.

개의 후각을 활용하는 다른 일로는 버섯의 일종인 송로 채취나 마약 탐지, 폭발물 탐색, 눈에 파묻힌 눈사태 피해자 구조 활동 등이 있다. 마리화나와 코카인, 헤로인 같은 주요 마약 세 종류는 모두 그 냄새가 매우 독특해서 밀수자가 아무리 빈틈없이 밀봉하고 다른 소지품 속에 감춰 놓는다고 하더라도 개는 그 냄새를 탐지할 수 있다. 마약 거래상들은 도무지 숨길 수 없

는 냄새를 감추려 갖가지 시도를 하지만 적발되는 경우가 많다. 강한 향수나 향신료, 담배, 양파, 또는 방충제로 마약 꾸러미를 둘러싼다고 하더라도 특수한 훈련을 받은 마약단속반의 마약 탐지견 코를 속일 수는 없다. 또한 폭발물처리반의 훈련을 받은 개는 화약 속 황 성분이나 니트로글리세린 속의 산 성분을 탐지하는 데 아무런 어려움이 없다. 이처럼 이상한 냄새를 가려내는 일만큼은 개의 후각이 여전히 사람이 만든 그 어떤 기기보다도 훨씬 더 효과적이다.

진화 과정에서 그처럼 뛰어난 후각 능력을 갖추게 만든 가장 큰 요인은 먼 거리에서 냄새로 사냥감을 찾아야 할 필요성 때문이었다. 사슴 쪽으로 바람이 부는 조건에서 늑대는 약 2.4km 떨어진 곳에서도 사슴의 냄새를 맡을 수 있는 것으로 알려졌다. 늑대 무리는 사슴 냄새를 맡으

면 즉각 움직임을 멈추고 사냥감 쪽으로 정조준해 자세를 잡는다. 잠시 꼼짝하지 않고 서 있는 자세에서 사냥감 냄새를 확인한 뒤, 늑대 무리는 서로 코를 비빌 듯 가까이 한곳에 모여 꼬리를 마구 흔들며 흥분한 기색을 보인다. 그러다가 10~15초쯤 지난 뒤 사슴이 있는 방향으로 출발 하면서 사냥이 시작된다. 이런 동물들, 특히 북쪽 혹한 지대에 사는 동물들은 얼마나 예민한 후 각을 갖췄느냐에 따라 생사가 엇갈린다. 집개가 물려받은 것이 바로 이런 정밀한 능력이다.

개는 왜 가끔 오물 속에서 뒹굴까?

개가 깔끔하고 까다로운 주인의 눈살을 찌푸리게 만드는 행동을 할 때가 있다. 그것은 바로 개가 고약한 냄새를 풍기는 물체 위로 뛰어들어 마구 뒹굴려는 충동을 이따금 드러내는 것이다. 그 대상은 긴 시골길을 산책하다 우연히 발견한 썩어 가는 동물의 사체이거나 소똥 또는 말똥 등이다. 지금까지는 개가 자신의 냄새로 경쟁자의 냄새를 지우려고 이런 행동을 하는 것으로 알려졌다. 이런 해석은 다음과 같은 관찰 결과를 근거로 삼는다. 즉, 개 한 마리가 한쪽 다리를 들고 냄새 기둥에 소변을 뿌려 '흔적'을 남기면 나중에 그 길로 지나갈 다른 개가 역시

다리 한쪽을 들고 똑같은 위치에 오줌을 뿌려 앞선 개의 냄새를 덮으려는 충동을 억제하지 못한다는 것이다.

그러나 이런 풀이에는 한 가지 결함이 있다. 대상물에 자기 몸을 비비는 식으로 남기는 냄새는 오줌이나 똥으로 남기는 냄새에 비해 훨씬 약하다. 개가 몸을 뒹굴 대상으로 삼은 사체는 냄새가 지독하기 때문에 그 냄새를 덮겠다는 생각이라면 그 위에 오줌이나 똥을 넉넉하게 배설하는 것이 더 효과적이다. 그러나 이런 반응은 전혀 나타나지 않는다. 동물 사체나 소, 말의 똥 위에 뒹구는 개의 행동이 강렬한 냄새가 나는 물질을 가리기 위해 애쓰는 것이 아니라는 점은 분명하다. 그렇다면 다른 설명이 필요하다.

가장 그럴듯한 설명은 개가 대상물에 자신의 냄새를 남기려는 것이 아니라 오히려 그 반대라는 해석이다. 즉, 개는 소똥이나 또는 말이나 사슴 같은 다른 동물의 냄새 나는 배설물에 몸을 뒹굴어서 자신의 털에 이질적인 냄새를 듬뿍 바른다. 그렇게 하면 소나 말, 사슴 같은 동물을 사냥할 때 완벽한 위장이 가능하다. 고약한 냄새가 나는 사체 위에서 구르면 비록 사냥감 냄새는 덜 나겠지만 개에게서 포식자 냄새가 덜 풍기게 만들 것이다.

서로 어울리는 무리의 다른 개들에게 정보를 전하기 위해 '제 몸으로 냄새 풍기기'를 활용한다는 풀이도 있다. 개가 주변을 정찰하던 중 먹이가 될 수 있는 동물의 똥을 발견했다면, 돌아와서 다른 개들에게 이 귀중한 정보를 전하면서 모두 사냥에 나서자고 부추길 수 있다는 것이다. 이때 그 개가 몸에 묻혀 온 똥 냄새를 풍기면 무리의 다른 개들은 굉장한 관심을 보인다(사람 똥 냄새에는 그만한 관심을 보이지 않는다). 동료 개들은 똥을 묻혀 온 그 개를 빙 둘러싼 채 열심히 냄새를 맡으면서 이 새로운 냄새 신호를 해독하기에 바쁘다. 그러나 야생 상태에서 이런 행동이 실제로 즉각 사냥 활동으로 이어지는지는 알려지지 않았다.

실험실 테스트 결과 개가 레몬 껍질이나 향수, 담배, 썩는 음식 쓰레기처럼 강한 냄새를 풍기는 다양한 물질 위에서도 몸을 뒹군다는 사실은 위장론과 사냥 유발론의 근거를 흔드는 약점이 되고 있다. 개는 지독한 냄새를 풍기는 물질을 보면 그 냄새의 특성에 상관없이 미칠 듯이 빠져드는 일종의 냄새광에 불과하다는 풀이도 있다. 이러한 설명은 증명하거나 반증하기 어려우니 별 가치가 없어 보인다. 여기서 기억해야 할 점은 야생 상태에서 가장 흔하게 부딪칠 법한 강한 냄새가 다름 아니라 사냥감의 똥 무더기라는 사실이다. 동물의 사체는 부패해서 악취를 풍길 정도로 여러 날 그대로 방치되지는 않는다. 야생 상태에서는 사체가 부패하기 전에 다른 동물이 일찌감치 먹어 치운다. 또 향수나 담배는 개의 옛 조상들이 살았던 원시시대에는 존재하지도 않았다. 따라서 오늘날의 개가 이런 물질에 보이는 반응은 생존이라는 측면에서는 거의 아무 의미도 없을 것이다.

개는 왜 가끔
엉덩이를 땅에 대고 끌듯이 움직일까?

개들이 항문 분비샘에서 나온 내용물을 땅에 남기는 듯한 이런 움직임은 개가 냄새를 남기려는 일상적인 행동이라는 것이 그간의 설명이었다. 다른 많은 육식동물도 항문 주위에 냄새를 풍기는 분비샘을 지니고 있고, 이 중 일부는 활동 영역 안에 있는 주요 지형지물에 주기적으로 이 분비샘을 문지른다. 널리 알려진 사례로는 대형 판다가 있다. 이들 판다는 암컷과 수컷 모두 자신의 영역을 순찰하듯이 돌다가 가끔 걸음을 멈추고 바위나 나무 등걸에 자신의 엉덩이를 비빈다.

그러나 집에서 기르는 개가 엉덩이를 땅에 대고 끄는 행위는 정상적이고 건강한 행동처럼 보이지 않는다. 평소 이런 행동을 계속하는 개를 자세히 살펴보면, 그 개의 항문 분비샘에 염증이나 통증이 생기고 있음을 알 수 있다. 이처럼 엉덩이를 땅에 대고 끄는 행동은 냄새를 묻히려는 것이 아니라 주로 그 부위의 불편을 덜기 위해서인 듯하다.

항문 분비샘은 항문 입구에서 직장 안쪽으로 약 0.6cm 정도 들어간 위치의 양쪽에 자리잡은 완두콩 크기의 두 기관이다. 개가 똥을 눌 때마다 이 분비샘이 자동으로 압박을 받으면서 강한 냄새를 풍기는 물질을 똥에 묻힌다. 계절 변화에 따라 호르몬이 변화해도 이 독특한 냄새는 뚜렷한 차이가 없다. 따라서 똥에 묻혀 전달하고자 하는 냄새 메시지는 성적인 신호와는 아무런 관계가 없다. 그 대신 이것은 전적으로 개체의 정체성, 즉 '각각 라벨 표시하기'나 '명함 돌리기 시스템'과 연관된 것으로 보인다. 인간 사회에서는 보통 얼굴 사진으로, 범법자는 지문으로, 다른 사람에게 편지를 써 보낼 때는 서명으로 신원을 밝힌다. 개들의 세계에서는 이런 특이한 냄새로 자신의 정체성을 밝힌다.

서열이 높은 개 두 마리가 만나면 서로 고개를 꼬리 쪽으로 돌린 채 서서 항문 주위의 냄새를 맡는다. 이때 두 개는 꼬리를 빳빳하게 세운 채 가볍게 흔드는데, 이런 동작이 항문 분비샘을 강하게 압박해 짙은 냄새를 풍기는 소량의 분비물을 내놓게 된다. 이때 두 개는 코로 이 냄새를 판별하는 데 열중한다. 마치 사람들이 인사를 나눌 때 서로의 눈을 보고 표정을 살피는 것과 다름없다. 이 냄새 속에 얼마나 많은 정보—예를 들면, 기분이나 건강상태 등을 파악할 수 있는 정보—가 들어 있는지는 아직 별로 알려진 것이 없다. 그러나 이런 냄새가 개가 꾸려 나가는 무리 생활에서 굉장히 중요한 구실을 하고 있음은 분명하다. 이 분비샘이 막혀 제구실을 못할 때 그 개가 다른 개와 어울릴 수 없는 불행한 처지에 빠지는 것은 그 때문이다. 이 때문에 그런 식의 어려움을 겪는 개는 막힌 분비샘을 뚫어 보겠다는 생각에서 불편한 그 부위를 땅에 대고 계속 끄느라고 안간힘을 다한다.

암캐는 갓 태어난
새끼들을 어떻게 다룰까?

암캐의 임신 기간은 9주이다. 새끼를 가진 개는 출산 하루 전날이 되면 안절부절못하며 먹이를 먹지 않는다. 이때 외부 사람에겐 평소보다 공격적인 모습을 보이는 반면, 주인 가족에겐 더 상냥해진다. 상자 같은 것을 마련해 주면 새끼를 낳기 직전 그 안으로 들어가 한쪽 면에 등을 대고 눕는데, 이때 머리는 입구 쪽을 마주 보는 위치에 둔다. 첫 번째 새끼의 출산이 임박하면 호흡이 빨라졌다가 느려지기를 되풀이한다. 새끼가 태어날 때 어미 개의 몸은 떨리고 뒷다리를 약간 뻗기도 한다. 새끼는 약 30분마다 한 마리씩 태어난다. 새끼가 나올 때마다 태반을 벗기고 숨을 쉴 때까지 몸을 핥아 준 뒤, 새끼의 배에서 약 5~8cm 정도 여유를 두고 탯줄을 깨물어 끊고 태반을 먹고는 새끼를 자신의 품으로 끌어당기는 통상적인 출산 과정을 되풀이한다. 이처럼 휴식을 취하고 새끼를 끌어안은 뒤 다음 차례를 기다린다. 대체로 한배에서 새끼 5

마리를 낳는 데에는 몇 시간 정도가 걸린다.

　강아지의 출생과 어미 개의 행동은 모든 면에서 고양이와 흡사한 모습을 보인다. 그러나 어미 개나 고양이가 새끼를 낳을 자리를 준비하는 과정에서는 흥미로운 차이를 드러낸다. 암캐는 상자 밑바닥을 미친 듯이 파는 동작을 보이지만, 새끼를 밴 고양이에게서는 그런 행동을 찾아볼 수 없다. 들개나 야생 고양이의 행태도 이 점에서 차이가 뚜렷하다. 고양이는 똥을 눈 뒤 이를 덮기 위해 흙을 파기도 하지만, 새끼를 낳을 굴을 준비할 때 굴을 파거나 터널을 만들지 않는다. 야생 고양이는 이미 만들어진 적당한 굴을 찾을 때까지 탐색을 거듭하지만, 늑대는 땅을 파서 자신의 집을 만든다. 그것도 꽤 근사한 집을 만든다. 보통 언덕 중턱에 있으면서 물이 가까이 있어 마시기에 편리하면서도 물이 잘 빠지고, 굴 입구는 땅이 꺼지더라도 막히지 않게끔 바위나 나무 밑동 아래에 둔다. 폭이 약 60cm쯤 되는 입구는 길이가 약 4m에 이르는 긴 터널과 연결되고, 그 끝에 큼직한 공간이 있는데, 이곳에서 새끼를 낳아 3주간 돌본다. 어떤 늑대 굴은 입구가 서너 개나 되는데, 그 입구를 만들기 위해 흙을 파고 파낸 흙을 들어내는 데 엄청난 노력을 기울인다. 더구나 암컷 늑대는 굴 하나로 만족하지 않는다. 시끄러운 일이 벌어진 경우를 대비해 새끼들을 데리고 옮겨갈 두 번째 굴을 근처에 만들어 둔다.

이런 모든 점은 상자 바닥 쪽으로 구멍을 파려는 집개의 행태와 전혀 다르지만 중요한 것은 개가 사람 사는 집의 역할을 어떻게 인식하고 있느냐 하는 것이다. 보통 집에는 여러 개의 문이 있고 문을 열면 통로를 통해 방으로 이어진다. 개는 이런 집 전체를 하나의 거대한 굴로 인식한다. 그리고 여러 개의 입구는 큼직한 공간으로 이어지는 터널로 본다. 달리 말하면, 사람들이 새끼를 밴 암캐를 위해 일찌감치 굴을 '파 놓았다'라고 보는 것이다. 여기서 한 가지 아쉬운 점이 있다면, 이 공간의 바닥이 부드러운 곡선으로 이루어지지 않았다는 정도다. 따라서 암캐는 굴 만들기 본성 가운데 아직도 남아 있는 한 가지 행동특성으로 이 점을 바로잡겠다고 상자 바닥을 미친 듯이 긁어 댄다.

집개의 출산 과정에 나타나는 또 하나 흥미로운 특성은 출산을 앞두고 밑에 깔아둔 깔짚 같은 것을 찢는다는 점이다. 많은 개 사육업자들은 암캐들이 출산용 박스 바닥에 누더기나 잘게 찢은 신문지 조각이 깔려 있으면 그것들을 찢어 버린다고 전한다. 늑대는 은신처에 깔짚을 깔아 놓은 식의 특별한 공간을 마련하지 않는 것으로 알려졌는데, 얼핏 보기에 이런 점이 집개와 개의 옛 조상인 야생 늑대 사이의 진짜 차이점처럼 보인다. 늑대에게서 볼 수 없는 집개만의 독특한 행태가 한 가지 더 추가되는 셈이다.

　암캐가 새끼들을 모두 안전하게 낳고, 혀로 온몸을 핥아 깨끗하게 닦아 주고, 다시 코로 새끼들을 밀어 누워 있는 자신의 몸쪽으로 가까이 당겨 놓고 나면 그제야 어미 개는 휴식에 들어가고, 새끼들은 젖을 빨기 시작한다. 이때 게걸스럽게 빨아 먹는 초유는 새끼들이 질병에 걸리지 않게 면역력을 키워 주는 데 매우 중요한 구실을 한다. 여기서도 개와 고양이 사이의 다른 점이 드러난다. 갓 태어난 강아지들은 어미 개의 아무 젖꼭지나 빨 수 있지만 새끼 고양이들은 저마다 '젖꼭지 소유권'이 정해져 있다. 이에 따라 새끼 고양이들은 저마다 전용 젖꼭지를 만들

어 놓지만, 강아지들은 '아무 젖꼭지나 빠는' 식이다. 이런 차이는 새끼 고양이의 발톱은 날카롭지만 강아지의 발톱은 무디다는 데서 비롯된 것이 분명하다. 새끼 고양이들이 젖꼭지를 서로 차지하려고 아옹다옹하다 보면 그 날카로운 발톱 때문에 어미 고양이에게 고통을 주기 때문에 이를 피하고자 새끼마다 전용 젖꼭지를 정해 주는 것이다. 어미 개의 경우는 가끔 젖꼭지 때문에 서로 다툼이 벌어져도 새끼들의 발톱이 무딘 탓에 별다른 문제가 되지 않는다.

강아지의 성장 속도는
어느 정도일까?

태어날 때 강아지는 다 눈도 안 보이고 귀도 안 들리는데, 어미 개의 품종에 따라 몸무게와 크기는 상당히 차이가 난다. 갓 태어난 새끼 늑대는 몸무게가 약 450g쯤 된다.

어미 개가 한 번에 낳는 강아지 수는 평균 5마리다. 정확한 수치를 원하는 사람을 위해 어미 개가 한 번에 낳는 새끼 수를 분석해서 평균을 내 보니 4.92마리였다. 한 번에 최고 20여 마리가 태어난 기록도 있으나 이런 일은 드물고 이례적이다.

강아지는 태어난 뒤 며칠 동안은 하루의 90%를 잠으로, 나머지 10%는 어미 젖을 빨아 먹으면서 보낸다. 이 시기는 신생아 단계로서 행동이 졸린 듯 둔감하다.

태어난 지 13일이 지나면 눈을 뜬다. 그러나 다른 특성과 마찬가지로 품종에 따라 상당한 편차를 보인다. 예를 들면, 이 시기가 되면 폭스테리어의 십중팔구는 눈을 뜨지만 비글 종은 10마리 중 한 마리만 눈을 뜬다. 태어난 지 21일이 지나서야 모든 품종의 새끼들이 눈을 뜨고 바깥세상을 볼 수 있다. 귀는 20일쯤 지나야 제대로 들을 수 있는데, 처음 보이는 반응은 '놀라는 반응'이다.

3주가 지나면 꼬리를 흔들고 짖는 식의 첫 시늉이 나타나고, 똥과 오줌을 누기 위해 보금자리를 벗어나 특별 외출에 나선다.

4주가 지나면 정상적으로 성장한 강아지는 체중이 태어날 때 비해 약 7배로 불어난다. 이때부터 '사회화 단계'가 시작된다. 이 시기에 강아지들은 주로 놀이를 하며, 사회성이 뛰어난 무리의 일원이 되는 방법을 배우는 데 열중한다.

5주가 되면 안면 근육이 완전히 발달해 무리생활을 시작하는 데 필요한 다양한 가시적 신호를 표시할 수 있게 된다. 6주가 되면 벌써 다소 미성숙한 무리가 형성되면서, 체구가 작은 불운한 형제는 힘센 형제자매의 집단적인 공격에 시달린다. 7주가 되면 어미 개의 젖이 마르기 시작한다. 이때가 강아지를 팔거나 남에게 줄 최적기로서, 이 시기에는 다른 집으로 가더라도 새로운 생활에 잘 적응한다. 그러나 여기서도 품종 간에 조금 차이가 있다. 다른 집에서 적응해 잘 살려면 10주쯤 지나야 하는 품종도 있다.

12주쯤 지나면 사회화 단계가 끝나고 '청소년 단계'가 시작된다. 강아지는 이제 무리 생활에서 제구실을 다 할 수 있고, 야생 상태에서도 진지한 탐색을 시작하며, 사냥 활동에도 참여한다. 16주가 지나면 영구치가 나오기 시작해 24주가 될 때까지 모든 이빨이 영구치로 바뀐다.

태어난 지 6개월이 지나면 수캐는 오줌을 눌 때 뒷다리 한쪽을 들어 올리기 시작하고, 성적으로도 성숙해진다. 암수 구별 없이 개는 보통 태어난 지 6개월에서 9개월 사이에 성적으로 완전히 성숙하는데, 여기서도 품종에 따라 약간의 편차가 있다. 어떤 품종은 성숙이 더뎌 생후 10개월에서 12개월에 이르기까지 완전한 성견이 되지 못한다.

강아지는 어떻게 젖을 뗄까?

강아지는 태어난 지 3주가 되기까지는 필요한 모든 영양분을 어미 젖에서 섭취한다. 어미 개는 누워서 젖을 먹이는데, 새끼들은 앞발로 어미 개의 배를 눌러 젖이 잘 나오도록 자극하면서 젖꼭지를 빤다. 어미 개는 새끼들과 거의 모든 시간을 함께 보낸다. 그러다가 태어난 지 3주에서 4주 사이가 되면 오랫동안 새끼들끼리 지내도록 내버려 두기 시작하고, 새끼들이 다시 곁으로 돌아와도 누워 젖을 물리는 자세를 취하려 들지 않는다. 이때쯤 되면 새끼들은 더 활기차게 움직이면서 어미 개의 젖꼭지를 빨려 하는데, 피하려는 어미 개는 젖꼭지를 물리게 되더라도 선 채로 젖을 준다.

하루하루 지나가면서 어미 개는 점차 새끼들을 귀찮아하고, 또 가끔 젖꼭지에 매달려 계속

젖을 빠는 새끼들을 밀어 내고 다른 곳으로 가 버리기 시작한다. 새끼들이 태어난 지 5주가 되면 어미 개는 젖꼭지를 빨려고 다가오는 새끼들에게 으르렁거리고, 심지어 얼굴을 깨물기도 한다. 그러나 이런 행동을 보일 때 어미 개는 새끼들과 직접 접촉하지 않게끔 항상 주의를 기울인다. 얼굴을 깨무는 행위도 새끼들의 접근을 막고 젖 빨기를 억제하려는 것으로, 새끼들을 깜짝 놀라게 만들어 어미 개가 더 이상 젖을 안 주려 한다는 사실을 충격적인 방법으로 깨닫게 하려는 것이다.

그 뒤로도 2주 동안 새끼들은 이따금 젖을 달라고 칭얼대지만 어미 개의 젖 주기는 거의 끝나 가고, 대부분 7주가 되면 완전히 끝난다. 이 단계에서 새끼들은 완전히 젖을 뗀다(어떤 어미 개는 새끼들에게 생후 10주가 되기까지 계속 젖을 주기도 해 여기서도 약간의 편차가 생길 수 있다).

이렇게 새끼들이 서서히 젖을 떼는 동안 개를 기르는 사람들은 접시에 따라 우유를 담아 주고, 강아지들이 좋아하는 특별한 먹이를 챙겨 준다. 이런 도움이 매우 편리하므로 어미 개는 마다할 리 없다. 그렇다면 야생에서 생활하는 들개들은 집개들과 달리 새끼들이 젖을 떼는 동안 사람의 도움을 받지 못할 텐데, 그 과정을 어떻게 이겨낼까?

자연적 조건에서 들개들은 젖떼기의 불쾌한 면과 균형을 이루는, 매우 특별한 긍정적 젖떼기 방법을 터득하고 있다는 데서 그 해답을 찾을 수 있다. 어미 들개와 무리의 다른 들개들이 뱃속에서 소화하기 쉬운 상태로 바뀐 먹이를 게워 내 새끼들에게 먹이는 방법이 그것이다. 새끼들이 태어난 지 3~4주일이 지나면 어미 들개는 장시간 새끼들을 내버려 두고 굴을 벗어나 사냥에 나서기 시작한다. 사냥감을 잡으면 그 고기를 뜯어 먹고 새끼들이 있는 굴로 돌아온다. 굴에 도착한 어미 들개의 입 주변에서는 고기 냄새가 풍기고, 이 냄새는 새끼들의 코를 자극해 새끼들은 어미 들개의 머리에 코를 대고 킁킁댄다. 뒤이어 새끼들은 어미 개의 입을 핥고, 얼굴을 코로 밀거나 앞발을 깨물고, 심지어 앞발로 어미 개의 머리를 할퀴기도 한다. 이런 행동은 둥지 안에서 어미 새와 새끼들이 머리와 어깨 부위를 서로 비벼 대는 것과 비슷하고 그 결과 또한 동일하다. 이런 새끼들의 행동이 어미로부터 끌어내는 반응은 거의 자동적이다. 어미 개는 자신이 아무리 배가 고프더라도 새끼들이 먹이를 달라고 '보채면' 주지 않을 수 없다. 사냥한 먹이를 뜯어 먹어 뱃속에서 반쯤 소화된 고기를 토해서 새끼들에게 먹이는 것이다.

이처럼 뱃속의 고기를 게워서 먹이는 어미 개의 행동은 새끼들에게 더없이 좋은 먹이를 주는 셈이다. 이 시기에 새끼들은 고작 첫 번째 이빨이 막 돋아나기 시작할 때여서, 먹이를 제대로 씹을 수 없다는 점을 고려하면 어미 개가 게운 고기는 새끼들에게 완벽한 먹이가 된다. 이후 몇 주일 사이에 어미 젖이 마르면 어미 개는 부쩍부쩍 자라는 새끼들에게 점차 더 많은 고형식을 먹인다. 완전히 젖을 떼고 나면 영양분 공급원은 이런 고형식으로 고정된다. 생후 12

주 정도 뒤에 새끼들이 스스로 사냥에 나서기 시작하지만, 여전히 얼마간은 어미 개의 도움을 받으며 지낸다.

사람이 지켜보는 가운데 새끼를 키우는 어미 개들은 먹은 것을 토해 내 새끼들에게 먹이는 행동을 안 하는 경우가 잦다. 젖 떼는 과정을 거치는 새끼들도 주인이 챙겨 주는 먹이가 워낙 풍성한 탓에 어미 개에게 토한 먹이를 달라고 자극하지도 않는다. 그래도 어미 개가 구식 반응을 보이는 경우가 종종 있다. 개를 잘 모르는 주인은 이렇게 토하는 모습을 보고 당황해 놀란 목소리로 동물병원 수의사에게 전화를 걸어, 어미 개가 토하는 것을 보니 아픈 것이 틀림없다고 호들갑을 떤다. 한발 더 나아가 어미 개가 토한 음식에 병균이 있을지 모르니 새끼들이 입을 대기 전에 서둘러 닦아 내야 한다고 잘못 생각하는데, 그렇게 닦아 내는 것이야말로 새끼들로부터 최상의 이유식을 먹을 기회를 빼앗는 것이나 다름없다.

늑대가 야생에서 새끼를 기르는 모습을 살펴보면 먹이를 게워 새끼에게 먹이는 행위가 개의 옛 조상인 이들의 무리생활에서 훨씬 큰 구실을 한다는 점을 알 수 있다. 새끼를 낳기 위해 땅속 굴로 들어갈 때 늑대 암컷은 무리의 다른 늑대들이 게워 놓은 먹이로 배를 든든하게 채운다. 새끼를 낳은 뒤 며칠간 어미 늑대는 새끼 곁을 떠날 수 없기 때문에 계속 다른 늑대들의 도움으로 배를 채운다. 그러다가 새끼들이 젖을 뗄 때가 되면 직접 사냥길에 나서 뱃속에서 소화되기 쉽게 만든 먹이를 게워 새끼들에게 먹인다. 그러나 어미 혼자서 이런 일을 모두 감당하는 것은 아니다. 무리의 다른 암컷 늑대와 수컷 늑대까지도 새끼들에게 줄 먹이를 함께 챙긴다. 실제로 수컷 늑대들은 새끼들을 돌보는 데 굉장히 신경을 써서, 사냥감을 찾기 위해 약 30km까지 멀리 나가기도 한다. 그러다가 사냥감을 잡으면 새끼들에게 줄 고기를 듬뿍 먹고 그 고기가 뱃속에서 너무 소화되지 않게끔 서둘러 굴로 돌아온다.

늑대의 이 같은 행동을 살피다 보면 두 가지 흥미롭고도 용의주도한 점이 드러난다. 다 자

란 늑대들 자신은 가끔 상하거나 부패한 고기를 먹기도 하지만 새끼들에게는 그런 고기를 절대로 주지 않는다. 새끼들은 위가 예민하므로 갓 잡은 사냥감의 고기만을 먹인다. 또한 새끼들에게 주는 먹이는 꼼꼼히 분배하되, 게워 낸 먹이를 한쪽에 얼마간 별도로 쌓아 놓음으로써 새끼들이 마음 편히 먹을 수 있게 한다.

새끼들이 어지간히 자라고 날카로운 이빨이 제대로 돋아나면 어미 늑대나 다른 늑대들이 먼저 먹어 약간 소화를 시킨 먹이를 주는 대신 큼직한 고깃덩어리를 입에 물고 돌아와 먹인다. 이처럼 큰 고깃덩어리를 물고 오려면 굉장한 힘과 요령이 필요할 때도 있다. 일례로 어느 어미 늑대는 큰사슴의 넓적다리 절반 정도를 물고 약 1.6km 넘게 달려온 일도 있었다.

태곳적 조상이었던 늑대와 비교하면 집개의 어미, 아비 노릇은 싱겁게 비칠 법하다. 그러나 여기서 기억해야 할 사실은 개가 보기에 주인은 '무리의 한 구성원'에 불과하고, 또 이런 동료가 새끼들에게 강아지 먹이를 주는 것은 지극히 자연스러운 협동이라는 점이다. 늑대 무리의 구성원들은 무리 안 어느 늑대의 새끼든 따지지 않고 똑같이 돌본다. 집에서 기르는 어미 개는 이런 부담을 모두 털어 버리고 아무런 의심 없이 사람의 도움을 받아들이는 것이다.

젖떼기의 마지막 상황과 관련해 몇 마디 더 덧붙일 내용이 있다. 토한 음식을 먹는다는 게 다소 역겹게 느껴질 수 있겠지만 이유식이 나오기 전에는 사람들도 흡사한 방식으로 아기의 젖을 뗐다는 사실을 상기할 필요가 있다. 원시 부족 사회에서 어머니들은 음식을 계속 씹어 부드러운 반죽처럼 만들어 아기들의 입에 넣어 주었다. 사람들이 사랑의 키스를 나누는 행동이 이처럼 입에서 입으로 이유식을 먹이는 데서 비롯되었다는 점도 덧붙이고 싶다. 따라서 애완견이 주인의 얼굴을 핥을 때 "개가 나와 키스하고 있다"라고 말하는 것은 사람들이 생각하는 것보다 더 진실에 가까운 표현이다.

개는 왜 슬리퍼를 물어뜯을까?

개를 기르는 많은 사람은 태어난 지 꽤 된 강아지들이 유별나게 파괴적인 성향을 드러내는, 그런 단계를 거친다는 점을 알게 된다. 이런 강아지들이 파괴적 행동의 대상으로 삼는 것은 흔히 슬리퍼와 장갑이지만 그 밖에도 어린이 장난감이나 신문지, 잡지, 그리고 심지어 현관 매트에 놓인 우편물까지 고초를 겪는다. 강아지들은 이런 물건들을 갉고 물어뜯는 데 그치지 않고, 마치 죽일 듯 맹렬하게 물고 흔들기도 한다. 죽은 새의 몸에서 성가신 깃털을 뽑기라도 하듯 개들은 종이를 갈가리 뜯어 버린다. 몇몇 개 주인들이 격분한 목소리로 전하는 이야기를 들어 보면, 개들이 우편물을 훼손할 때는 항상 무슨 내용이 들었는지 궁금한 편지만 물어뜯는다고 한다. 약이라도 올리려는지 무슨 요금 청구서 같은 것에는 손도 대지 않는다는 것이다(요금 청구서 이야기는 농담이 아니다. 이런 청구서는 보통 갈색 봉투에 넣어 보내는데, 개는 흰색 봉투보다 갈색 봉

투에 관심을 덜 기울인다).

개는 강아지 때 몇 가지 중요한 특성을 드러낸다. 첫째, 단순한 장난기를 들 수 있다. 강아지는 성장하면서 주변에 있는 모든 것에 관심을 기울이고 탐색하려는 특성이 있다. 개가 야생에서 기회주의자로 살아남으려면 생활권 안에 있는 온갖 대상의 특성을 폭넓게 파악하는 능력을 길러야 한다. 집개는 늑대보다 안전한 환경에서 살아가지만 옛 조상인 늑대의 행태는 거의 잃지 않았다.

둘째, 이가 나는 문제가 있다. 개는 생후 4개월에서 6개월 사이에 영구치를 얻는데, 이 시기에는 질긴 것을 씹어야만 새 이빨이 돋아나는 데 도움이 된다. 판매용으로 만든 부드러운 개 사료는 별 소용이 없다. 씹기 적당할 정도로 단단한 먹이가 없다면 개는 마음에 덜 들더라도 꼭꼭 씹을 만한 다른 대상을 찾게 된다.

셋째, 강아지의 성장 과정에는 '예비 사냥' 단계가 있다. 이 단계의 개들은 사냥감에 관심을 가질 만큼 몸집은 커졌지만, 아직 사냥감을 잡을 정도의 능력을 갖추지 못한 상태이다. 이 시기의 강아지들은 잘 먹고 쑥쑥 성장하는 것이 중요한 만큼 (야생 상황과 연결 지어 생각하자면) 성견들이 고깃덩어리를 물고 본거지로 돌아와 강아지들에게 먹여야 한다. '어지간히 큰 강아지 시절'에 나타나는 한 가지 특성은 이들 작은 개가, 큰 개(=개 주인)가 바닥 이곳저곳에 놓아둔 물건들을 마구 물어뜯고 씹는다는 것이다. 강아지들이 카펫 위에 있는 슬리퍼나 현관 매트에 있는 우편물을 높은 서열의 무리 구성원들이 가져다준 고마운 선물로 생각하는 것은 지극히 자연스러운 일일 뿐 심술부리는 행동이 결코 아니다. 그런 물건을 물어뜯었다고 야단을 맞으면 '무리'의 일원인 사람에게 적응하기 위해 열성적으로 최선을 다한 강아지로서는 당혹스럽고 마음의 상처가 될지 모른다.

개는 어떻게 구애를 할까?

개들 사이에는 특별한 형태의 성적 불균형이 있다. 사람의 성적 기능과 활력은 남녀 모두 연중 아무 변함이 없다. 다른 많은 동물은 암수 모두 짧은 기간의 집중적인 성적 활동을 통해서만 새끼를 갖는다. 그러나 수컷 개는 다른 동물들과 달리 연중 계속 교미할 준비가 되어 있는 반면, 암컷은 발정기가 한 해에 두 차례로 한정되어 있다. 이 때문에 운이 없는 수컷 개는 거의 1년 내내 성적 욕구 불만에서 벗어나지 못한다.

이 정도로 끝나는 것이 아니다. 수컷이 암컷의 발정을 오랫동안 목마르게 기다려 왔음에도 첫 번째 발정기에 암컷은 수컷의 접근을 좀처럼 허용하지 않는다. 실제로 암컷은 며칠에 불과한 봄철 발정기를 아무 일 없이 보낸 뒤 가을철 발정기가 되어서야 수컷의 접근을 허락한다. 따라서 주인이 거세시키지 않은 운 좋은 수캐는 암컷의 뒤꽁무니를 졸졸 좇아 강제로 다스릴 수 없는 지경이 되는데, 더욱이 이웃집 암컷이 발정기에 이르면 경쟁하는 개의 공격을 받고 쫓겨난다든지 까다로운 암캐의 퇴짜를 맞는다든지 하지 않는 한 우리에 가둬 두는 것이 거의 불가능할 정도이다. 이때 암캐에게 접근이 가능해지면 그 수캐는 한 해 52주 중 2주 동안은 성적 욕구를 풀어 50주만 욕구 불만에 시달린다. 이런 사례를 제외한 나머지 수캐들은 1년 52주 내내 성적 욕구 불만에 시달려야 한다.

암캐도 괴로움을 겪는다. 난소 제거 수술을 받지 않은 암캐는 짧은 발정 기간 중 우리에 갇혀 있거나, 아니면 성적 충동을 억제하는 화학물질을 듬뿍 바르거나, 개에게 맞춰 만든 정조대 같은 것을 사람 손에 의해 강제로 채워진 채 지내야 한다. 그나마 운이 좋은 암캐는 종견과 교미를 갖지만 그 짝짓기는 짧은 시간에 끝나는 경우가 많다.

이런 실상에 대해 개 주인을 탓할 수는 없다. 개들이 원하는 대로 교미를 하게끔 내버려 둔다면 우리 주변은 온통 강아지로 넘쳐날 것이다. 그에 따라 개를 기르는 수많은 가정에서는 해마다 넘쳐나는 수천 마리의 애완견을 죽여야 할 것이다. 대체로 개들의 성생활은 인위적으로 억제당하고 있으므로 구애 활동의 세부 사항들은 흔히 관찰할 수 있는 것이 아니다. 드문 사례지만 암컷과 수컷이 성적 욕구를 마음대로 표출하게 할 경우 다음과 같은 상황이 벌어진다.

발정 전기(글자 그대로 광란 직전을 의미한다)로 불리는 발정 첫 단계가 되면 암캐는 안절부절 못하면서 이리저리 왔다 갔다 하는 행동이 점차 심해지기 시작한다. 그렇게 움직이면서 평소보다 물을 많이 마시고 소변도 많이 본다. 이 소변 냄새가 수컷들에게 강한 인상을 남긴다. 수캐는 이런 소변 냄새를 열심히 맡은 뒤 고개를 들고 조용히 먼 곳을 응시한다. 그 모습은 생산

된 지 오래된 귀한 포도주 맛을 음미하는 전문적인 포도주 맛 감정가와 비슷하다. 소변에 담긴 이 같은 화학성분의 신호에 강한 자극을 받은 수캐들은 암캐를 찾아 나선다. 이들은 특히 암캐의 음부 분비물에서 풍기는 냄새에 예민하게 반응하는데, 이런 냄새는 먼 거리에서도 감지할 수 있다. 이런 분비물은 점차 부풀어 오르는 성기에서 나오는 것이다. 이 분비물은 발정 전기가 끝나갈 즈음이 되면 핏빛이 되는데, 일부에서는 몇 가지 이유를 들어 이들 개가 '달거리'를 하는 것이라고 말한다. 그러나 이런 생각은 그릇된 것이다. 달거리는 배란이 수정되지 않음에 따라 자궁 점막이 떨어져 나가면서 생기는 것이다. 암캐의 경우 출혈은 배란 전에도 생기는데, 이는 교미를 준비하면서 생기는 질 내벽의 변화 때문이다.

암캐는 9일 정도 지속하는 발정 전기 때 수캐들에게 강한 매력을 풍긴다. 바로 암캐가 풍기는 체취 때문인데, 기대에 부푼 채 구애하는 수컷들은 암캐를 향해 맹렬하게 돌진한다. 그러나 아직 배란할 때가 아니므로 암캐는 수캐들의 접근을 모두 거부한다. 이때 암캐의 성적 매력은 최고조에 달한다. 암캐는 안달하는 수캐를 공격하거나 뒤쫓거나 으르렁대고 깨물어 위협하기도 한다. 덜 공격적일 때는 도망가거나 아니면 수캐가 뒤에서 올라타려는 순간에 몸을 피해 주위를 빙빙 돌기도 한다. 암캐가 교미를 피하는 또 다른 방법은 수캐가 뒤에서 흥분된 기미를 보일 때 그만 털썩 앉아 버리는 것이다.

이런 행동은 그저 수컷을 애타게 만들려는 것일 뿐 특별한 의도가 없는 것처럼 보인다. 수컷을 받아들일 생각이 없으면서 왜 매력적인 냄새 신호를 주변에 흩뿌렸을까? 그 대답은 짝짓기 상대가 될지도 모를 모든 수컷에게 자신이 어떤 상태에 놓여 있는지 명확하게 알리는 것이 암캐에게 중요하기 때문이다. 그래야만 결정적인 순간에 짝짓기 상대를 찾지 못하는 위험을 피할 수 있다. 배란은 본격적인 발정기의 둘째 날에 자동으로 일어나는데, 암캐는 그로부터 하루 이틀 뒤에 수정될 준비를 갖춘다. 마침 그때 수컷이 없다면 6개월을 기다려야 다음 기회를 얻을 수 있다.

발정기 자체는 9일 정도 지속한다. 이때 암컷이 내놓는 분비물은 더 맑고 묽어지면서 암컷이 짝짓기할 준비가 되어 있음을 보여 준다. 그에 따라 이제 본격적인 구애가 시작된다. 암캐는 초기에 수캐에게 달려갔다가 뒤로 빠지고, 또 달려갔다가 뒤로 물러서기를 반복한다. 이때 수캐가 그런 암캐의 유혹을 못 본 체하는 비정상적인 상황이 벌어지면 암캐는 뒷발로 껑충거리며 수캐 주변을 뛰어다니다가 앞발로 수캐를 때리고 심지어 수캐 위로 올라타기도 한다. 그러나 보통은 수캐가 암캐를 뒤쫓다가 마지막에는 함께 뛰어 돌아다니며 서로의 몸을 탐색한다. 처음에는 코로 서로의 냄새를 정신없이 맡는데, 귀를 핥을 때도 있다. 뒤이어 서로 엉덩이 냄새를 맡는데, 더 열심히 냄새를 맡는 쪽은 수컷이다. 암컷의 짝짓기 준비 상태와 성적 매력을 끄는 냄새를 최종적으로 확인하기 위해서다. 이런 확인이 끝나면 수컷은 보통 암컷 옆쪽으로 가서 암컷 등에 턱을 올려놓는다. 이때 암컷이 가만히 선 채 움직이지 않으면 수컷은 뒤쪽으로 돌아가 올라타고 드디어 교미를 시작한다.

교미 과정에서 암컷은 수동적인 기미를 전혀 보이지 않는다. 암컷의 발정이 절정에 이르고 수컷이 호감이 가는 상대라면(암컷은 이 단계에 이르러서도 여전히 거부하기도 한다) 암컷은 수컷이 목표를 달성하도록 온갖 도움을 아끼지 않는다. 암컷은 수컷을 위해 '선 자세'를 취한 뒤—즉, 수컷이 냄새를 맡고 암컷의 온몸을 탐색하는 동안 가만히 서 있는 것—그에게 올라타도록 권하는 독특한 유인 신호를 보낸다. 이 신호는 꼬리를 한쪽으로 돌려 외음부가 드러나게 하는 형태다. 수컷이 반응을 보이며 암컷 위로 올라타지만, 삽입 목표를 찾는 데 어려움을 겪는다. 골반을 움직여 찌르기 시작하는 수컷은 목표를 제대로 맞췄다가 어긋나기를 되풀이한다. 수캐가 실수를 되풀이한다고 생각하면 암캐는 엉덩이를 위나 아래, 또는 왼쪽이나 오른쪽으로 조금씩 움직여 수캐가 제대로 삽입할 수 있게 능숙하게 바로잡아 준다. 수캐는 교미를 이어가면서 앞발로 암캐의 목덜미를 움켜잡는데(통상적인 행동은 아니지만 이런 모습은 곧잘 볼 수 있다) 암캐는 그런 불편도 참는다.

이런 구애 행위는―자연스럽게 이어지도록 허용된다면―거의 모든 면에서 개의 옛 조상인 늑대와 흡사하다. 개는 사람 손에 길들었어도 성적 행위의 진행 면에서는 거의 달라진 것이 없다. 그러나 구애 행위의 총량으로 따져 보면 옛 조상에 비해 대폭 줄어들었다. 특히 혈통 있는 번식용 개와 챔피언으로 선정된 암캐의 교미가 그렇다. 예를 들면, 어느 늑대 무리를 대상으로 조사해 본 결과 총 1,296회의 구애 행위 가운데 완전한 교미로 이어진 경우는 31회에 불과했다. 혈통 좋은 개들의 짝짓기에서도 가끔 암캐의 거부로 성사되지 못하는 경우가 있지만, 대체로 준비를 잘 갖춘 데다가 짝짓기에 나선 개들이 교미 경험도 많은 터라 거의 모두 성공을 거둔다.

늑대의 구애 활동이 저조한 성공률(2.4%)을 보이는 이유는 야생세계에서는 강한 짝짓기 상대를 훨씬 더 선호하기 때문이다. 늑대는 암컷과 수컷 모두 평생 일부일처로 살지 않고, 성적 상대에 대한 호불호가 강하다. 그래서 불운한 수컷들은 가망 없고 끝내는 허사로 그칠 구애 활동을 끝없이 펼친다. 집개들이 야생에서 독립적으로 무리 지어 생활하게 되었을 때 늑대와 유사한 짝짓기 선호 경향을 가질지 여부는 단언하기 어렵다. 다만 개가 사람 곁에서 살도록 길들었다 해도 기본적인 속성은 거의 변한 것이 없다는 점에 비춰 보면 가능할 듯하다.

길들이는 과정에서 일어났을 것으로 보이는 한 가지 두드러진 변화는 발정이나 교미 시기와 연관된 것이다. 젊은 암컷 늑대는 보통 태어난 지 22개월쯤 되었을 때 첫 발정을 경험하는데, 이것은 전형적인 암컷 개의 발정 시기보다 1년이나 늦은 것이다. 늑대는 또 보통 1년에 단 한 번, 3월에 교미하지만 개는 가을에 두 번째 교미 시기를 갖는다. 그러나 한 해 두 차례의 교미 시기가 규칙적이라고 보기는 어렵다.

개는 왜 짝짓기 중에
떨어지지 않고 서로 '붙어' 있을까?

　개가 짝짓기 행위 중에 드러내는 가장 기이한 모습 중 하나는 암수의 성기가 '엮인 것'처럼 빠지지 않는다는 것이다. 수컷이 암컷 뒤에서 올라타 골반을 움직이는 삽입 행위를 여러 차례 한 뒤에 암컷으로부터 뒤로 빠지려 해도 마음대로 되지 않는다. 이때의 모습은 암수 한 쌍이 마치 자물쇠로 채워진 것처럼 보인다. 둘이 서로 떨어지려고 애를 써도 뜻대로 되지 않아 결국 한동안 도리 없이 '엮인 상태'로 기다리는 수밖에 없다. 그러다 마침내 둘이 떨어지게 되면 각각 자신의 성기를 핥은 다음 휴식에 들어간다. 떨어지지 못하고 엮인 상태로 있는 그 시간은 개로서는 주변 상황에 대응하기 어려운 매우 취약한 순간이 된다.

애완견 전문가들은 개의 번식행위 중 나타나는 이런 특이한 요소가 어떤 구실을 하는지에 대해 오랜 세월 동안 의문을 품었다. 일부 전문가들은 알 도리가 없다고 솔직한 심정을 털어놓았고, 어떤 전문가들은 온갖 추측을 내놓았다. 그러나 이런 추측에 귀를 기울이기에 앞서, 수컷이 암컷과 교미할 때 벌어지는 여러 정황을 좀 더 자세히 관찰할 필요가 있다.

암컷이 수컷에게 올라타라고 신호를 보내면, 수컷은 앞발로 암컷을 움켜쥐고 페니스를 밀어 넣으려 애쓴다. 이때 수컷의 페니스는 발기가 절반 정도밖에 안 된 상태이다. 수컷은 골반을 움직이는 몇 차례의 힘찬 삽입 행위를 벌이기 시작해 마침내 암컷의 질 내 삽입에 성공한다. 이때 수컷은 앞발로 암컷의 몸을 움켜쥐고 매달린 상태로 가슴 부위와 가끔 턱까지 암컷 등에 밀착시킨다. 암컷은 수컷 페니스의 질 내 삽입이 원활하게 이뤄지도록 꼬리를 한쪽으로 기울인 채 가만히 서 있다.

이제 수컷은 뒷다리로 매우 특이한 스텝을 밟는 식의 동작을 취하면서 엉덩이를 좌우로 흔든다. 이처럼 골반을 흔들면서 페니스를 암컷 질 내로 깊숙이 밀어 넣는다. 페니스의 기저에는 귀두구龜頭球로 불리는 팽창 부위가 있는데, 이 부위가 암컷 질 내로 들어가면 부풀어 오르기 시작한다. 수컷의 페니스는 이제 완전히 발기된 상태. 이와 동시에 암컷의 질도 강하게 수축한다. 이처럼 수컷 페니스의 팽창과 암컷 질의 수축이 맞물리면서 튼튼한 자물쇠 또는 '엮임' 효과가 나타난다. 이런 엮임 현상이 나타난 뒤 몇 차례 더 골반을 이용한 삽입 행위가 이어지면서 수컷은 사정하게 된다.

사정하면 보통 수컷은 암컷 몸체 옆쪽 바닥에 앞발을 내려놓으며 뒤에서 올라탄 자세를 조용히 푼다. 그래도 수컷과 암컷의 성기가 서로 묶여 있기 때문에 수컷은 다소 거북하고 비틀린 자세에 놓이게 된다. 이를 바로잡기 위해 수컷은 뒷다리 한쪽을 암컷 엉덩이 위로 들어 올리고 암컷을 등지는 쪽으로 방향을 돌린다. 이제 수컷과 암컷은 여전히 성기가 엮인 채 서로 등지는 자세로 서 있게 된다. 이런 자세로 성기가 풀릴 때까지 가만히 있거나 아니면 떼어 보려고 안간힘을 다할 수도 있다. 암컷이 떨어져 나가려고 작정하면 수컷은 그에 저항할 것이고, 이런 승강이는 적잖은 고통을 주어 암수가 다 같이 캥캥 울거나 애처로운 소리를 낸다. 이런 상태에서 외부 요인으로 불안감을 느끼거나 뭔가에 시달리면 몸부림을 치고 또 서로 떨어지려다가 함께 쓰러지기도 한다. 그런데도 엮인 상태는 거의 언제나 단단한 채로 남아 있다. 이렇게 몸부림을 치다 보면 서로에게 상당한 고통을 안겨 주긴 하지만 그렇다고 서로의 성기에 오래 가는 손상을 입힌다는 증거는 없다.

암수의 성기 엮임 상태가 얼마나 오래 지속하는지는 권위 있는 전문가들 사이에서도 의견이 엇갈린다. 5분이 가장 짧은 지속 시간 축에 드는 것으로 기록되어 있지만, 보통은 그보다 긴 15분, 20분, 25분, 30분, 36분, 45분, 75분이고 120분까지 지속된 경우도 있다. 가장 흔한 사례는 20분에서 30분 정도이다. 이보다 크게 웃도는 사례는 비교적 드문 편이다. 이런 엮임 상태는 수컷의 완전 발기가 이완되기 시작하면서 끝나 마침내 암수는 떨어지게 된다.

지금까지 이런 행동 양식에 대한 설명이 많이 있었지만 그중 몇 가지만 소개하면 다음과 같다.

첫째, 이런 엮임 상태가 암수 간의 정서적 애착 관계를 강화한다는 주장이 있다. 짝짓기 행위를 길게 끄는 것이 짝짓기를 좀 더 개인적인 행위로 만들고, 유대관계 형성에도 도움이 된다는 것이다. 둘의 관계가 허용되기만 하면, 암컷과 수컷이 짝짓기한 뒤 성기 엮임을 겪더라도 친밀감이 더해지리라는 점은 사실이다. 그러나 성기가 엮인 채로 몇 분씩 계속해서 속절없는 고통을 견디는 과정 자체가 암수를 서로 사랑하게 만든다는 것은 믿기 힘든 주장이다. 가능한 일이긴 하나 그럴 법하지 않다.

둘째, 성기가 엮이는 과정이 수컷의 짝짓기 행위를 한결 편하게 해 준다는 주장이다. 이런 주장은 짝짓기 경험이 많은 번식용 개와 혈통 있는 암캐 사이의 이른바 '중매결혼'을 자주 보아 왔던 사람이 내놓았을 가능성이 크다. 이런 중매결혼식 짝짓기에 나서는 암수는 모두 주인에 의해 다른 개의 접근이 차단되고 성적 욕구도 적절하게 조절되어 진정된 상태를 보인다. 이런 상황에서 짝짓기를 벌이는 암캐와 수캐는 역임 상태도 그냥 풀릴 때까지 가만히 서서 기다리기 때문에 교미한 뒤에도 휴식을 취하는 듯 편안한 인상을 준다. 그러나 자연 속에 사는 들개나 떠돌이 개, 늑대가 역임 상태에서 보이는 반응은 대체로 평온과는 거리가 멀고 견디기 힘든 불편을 한동안 견뎌 내야 한다는 인상을 풍긴다.

셋째는 다소 기이한 주장으로, 반대 방향으로 서 있게 되는 역임 상태가 일종의 방어 장치 구실을 한다는 것이다. 즉, 짝짓기 과정에서 다른 동물의 훼방 시도에 맞서 '양쪽 방향에서 이빨을 드러내며' 맞설 수 있다는 것이다. 늑대 무리에서 벌어지는 성기 엮임 상태를 지켜본 사람이라면 묶인 채 꼼짝 못 하는 수캐의 처지가 외부의 공격에 매우 취약하다는 점을 알 수 있다. 예를 들면, 힘센 동물이 가까이 다가오더라도 수캐는 암캐와 함께 행동을 조절할 수 없기 때문이다.

넷째, 엮임 상태가 암캐의 질 안에서 정액이 흘러나오지 못하게 막는 구실을 한다는 주장도 제기되었다. 수캐의 정자를 받아들이는 암캐의 질 구조가 정액의 유출을 걱정해야 할 정도로 허술하다는 근거가 어디에 있는지는 규명되지 않았다.

최근 인공수정 실험과정에서 이에 대한 한결 그럴듯한 설명이 나왔다. 이제 사람들은 짝짓기하는 암수의 생식기관 안에서 어떤 일이 벌어지고 있는지를 알게 되었다. 개는 사람처럼 한 차례 사정을 하고 끝내는 간단한 과정이 아닌, 뚜렷하게 구별되는 3단계 과정을 거친다. 1단계 지속 시간은 30초에서 50초 사이이다. 이때 사정하는 물질은 정자가 없는 투명한 액체다. 2단계는 50초에서 90초 동안 지속되고, 사정액은 진하고 흰색이며, 정자 12억 5천만 마리가 그 속에 담겨 있다. 마지막 단계인 3단계에서는 사정액이 훨씬 많아지지만 1단계처럼 정자가 없는 투명한 액체 형태이다. 이 액체는 전립선액으로, 엮임 상태가 지속하는 동안 계속 생성된다. 엮임 상태가 길게 이어지는 이유는 수캐에게 마지막 액체인 전립선액을 만들어 낼 시간을 주기 위해서가 분명한데, 이 액체는 암캐의 생식관으로 흘러 들어가 그 안에 막 자리 잡은 정자를 활성화한다.

이제 '엮임' 상태의 비밀도 규명이 되었다. 암수 성기의 엮임은 사정 뒤에 나타나는 것이 아니라 사정과 동시에 일어나는 현상이다. 사람은 사정이 매우 짧게 끝나기 때문에 개도 같은 방식으로 사정을 끝낼 것이라고 잘못 생각하기 쉽다. 그 때문에 수캐의 사정이 반 시간 정도 지속한다는 사실은 사람에게 낯설다. 개의 수정과정이 매우 성가실 정도로 오래 끄는 이유도 분명 이해하기 어려웠을 것이다. 그러나 지금까지 밝혀진 사실에 비춰 볼 때 성기 엮임 상태는 성공적인 정자 방출을 보장하는 가장 확실한 시간 벌기 방책으로 판단된다.

개는 왜 사람 다리에 교미하는 듯한
몸짓을 보일까?

　어느 집을 찾아갔을 때 주인집 수캐가 갑자기 앞발로 자신의 다리를 붙잡은 채 골반 부위를 맹렬하게 찔러 넣는 행동을 벌이기 시작하면 누구나 당황할 수밖에 없다. 많은 사람이 이런 경험을 했을 것이다. 개는 왜 이런 가망이 없는 행동을 할까?

　그 해답은 개가 강아지일 때 거치는 특별한 사회화 과정에서 찾을 수 있다. 이 기간에 개는 자신의 정체성을 확립한다. 이 중요한 시기는 태어난 지 4주부터 시작해 12주까지 이어지는데, 이 시기에 강아지와 긴밀하고 우호적인 분위기 속에서 가깝게 지낸 동물은 그것이 어떤 동물이든 개들과 '같은 종'이 된다. 이 중요한 성장단계에서 모든 애완견이 만나는 부류는 항상 개와 사람뿐이다. 그 결과 사람과 개는 '정신적 혼혈'이 되어 서로에게 강한 애착을 느낀다. 평생 개는 개와 사람 사회 어느 쪽에서나 어려움 없이 지낸다. 주인 가족들은 마치 입양한 '식구' 못지않게 잘 대해 준다. 사람들은 음식을 나눠 먹고, 은신처를 함께 쓰며, 영역 순찰길에 동행하고, 같이 놀며, 사교적 필요에 따른 약간의 털 손질도 해 주고, 인사를 나누며, 또 대체로 개 친구의 역할을 빈틈없이 해낸다. 개 사회와 인간 사회는 잘 어울린다. 그러나 섹스와 관련해서만은 둘의 관계가 완전히 어긋난다.

다행히 성적 매력과 관련해 개는 강력한 선천적 반응을 지니고 있는데, 이런 반응이 대개 성적 욕구의 대상을 제대로 선택하는 데 도움을 준다. 개는 성적 욕구를 자극하는 독특한 냄새를 풍기지만 사람에겐 그런 냄새가 없어 함께 사는 수캐를 자극해 성적인 반응을 이끌어 내지 못한다. 개에 관한 한 사람은 '성관계 상태를 결코 갖추지 못하는 무리의 일원'일 뿐이다.

모든 조건이 만족스러울지라도 사람과 함께 사는 생활환경에서 수캐가 발정기의 암캐를 만날 기회는 안타깝게도 매우 드물다. 개가 성적으로 욕구 불만이 심해지면 집 안에서 함께 지내는 고양이까지도 매력적으로 비치기 시작한다. 이 지경이 되면 흥분한 수컷은 고양이와 다른 수캐, 쿠션, 사람 다리 등 한동안 움직이지 않고 가만히 있는 것이기만 하면 가리지 않고 올라타려 한다. 사람 다리는 움켜잡기 쉬워 개들이 좋아한다. 인체의 해부학적 구조로 미뤄 볼 때 더 알맞은 부위가 있는데도 굳이 다리에 매달리는 것은 별다른 이유가 있어서가 아니라 사람의 형상이 개와 달라 어색하기 때문이다. 개들이 보기에 사람은 몸집이 너무 크고 키도 매우 큰 탓에 성적 구애의 마지막 대상으로 쉽게 접근할 수 있는 유일한 부위가 다리인 것이다.

개가 사람 다리에 매달려 성적 구애를 할 때는 화를 내기보다 불쌍하게 여겨 연민의 정을 보이는 것이 올바른 대응이다. 개를 비정상적인 독신 상태로 몰아넣은 것은 사람이기 때문이

다. 따라서 이상한 행동을 할 때는 점잖게 물리치면 되지, 화를 내며 벌까지 줄 필요는 없다.

개가 함께 사는 고양이에게 관심을 보이는 것을 두고 이런저런 이야기가 나오는데, 이런 말이 농담으로 하는 소리는 아니다. 성적 욕구 불만을 느끼는 개들 가운데는 실제로 고양이와 교미를 시도하는 개도 있다. 이런 일은 고양이와 개가 어릴 때부터 함께 자란 경우에만 일어난다. 강아지가 성장하는 중요한 시기에 어린 고양이와 친밀한 관계를 맺다 보면 강아지는 마음속으로 고양이를 '우리 종'이라는 부류에 넣는다. 강아지는 태어난 지 4주부터 12주 사이에 겪게 되는 사회화 단계 중에는 같은 배로 태어난 다른 강아지와 같은 집에 사는 새끼 고양이, 그리고 개 주인을 놀이 상대로 삼는데, 이들에 대한 애착심은 평생 지속된다.

이처럼 애착심을 갖게 되는 과정에는 동전의 뒷면처럼 반대되는 측면도 있다. 사회화 과정을 거치는 강아지 시절 주변에 다른 동물들이 없다면 나중에 커서도 다른 동물들을 자동으로 피하게 된다. 이런 일은 강아지 자신과 같은 종인 다른 개들에게도 그대로 적용된다. 만약 태어난 지 1주일밖에 안 되는 어린 강아지가 귀와 눈이 뜨이거나 보이지도 않는 상태에서 어미 곁을 떠나 사람 손에 홀로 키워진다면 그 개는 사람에게 굉장히 집착하게 되고, 나중에 다른 개를 만나도 항상 겁을 낸다. 이처럼 강아지를 너무 일찍 어미 개와 형제들로부터 떼어 놓는 것은 큰 잘못이다. 만약 불상사가 일어나 어미 개가 죽고 새끼 혼자만 살아남았다면 사람이 기르되, 주변에 다른 강아지나 개를 둬서 서로 어울리게 하는 것이 중요하다. 그래야만 중요한 성장기에 같은 종끼리 어울려 지내는 데 익숙해진다.

강아지가 태어난 지 12주가 될 때까지 사람의 접근을 완전히 차단하고 오로지 어미 개나 형제들과 함께 지내게 된다면, 나중에 사람과 가까이 지내도록 개를 길들이는 일은 불가능해진다. 생후 14주가 될 때까지 사람의 접근을 차단한 실험농장에서 야생 상태로 키워진 강아지는 사실상 야생동물이나 다름없었다. 따라서 집개가 '길들일 수 있는 유전 인자'를 지니고 있다는 인식은 사실이 아니다. 늑대가 개보다 더 '사납고' 길들이기 어렵다는 주장도 잘못된 생각이다. 성장단계에서 아주 어릴 때 사람 손에 잡힌 새끼 늑대는 사람과 굉장히 친한 상대가 된다. 이런 늑대에 목줄을 달고 산책길에 데리고 나가면 사람들은 대부분 그저 덩치 큰 개려니 하고 바라본다. 실제로 어떤 사람이 영국에서 미국으로 대서양을 횡단하는 퀸엘리자베스호에 길들인 다 큰 늑대를 독일 셰퍼드 종인 앨세이션이라고 등록하고 데리고 갔으나 아무런 문제가 없었다. 이 사람이 늑대를 끌고 갑판에서 날마다 산책할 때면 승객이나 승무원들은 반가운 표정으로 다가와 쓰다듬기도 했는데, 이들이 이 동물의 정체를 알았다면 기겁했을 것이다.

개는 왜 주인의 침대에서 자려고 할까?

개를 기르는 많은 사람은 침대에서 함께 재워 달라고 보채는 애완견 때문에 괴로움을 겪는다. 몸집이 작은 애완견은 때때로 이런 승강이에서 이기기도 하는데, 만약 몸집이 매우 큰 그레이트데인이 이겨 침대 한쪽을 차지한다면 나중에 이혼 법정에서 벌어지는 개 양육권 분쟁의 대상이 될 수도 있다. 그렇다면 개는 왜 주인 가까이에서 밤을 보내려고 안달할까?

그 해답은 이런 개들이 여러 면에서 강아지 단계를 벗어날 만큼 성장하지 못했다는 데서 찾을 수 있다. 그 때문에 성견이 되었어도 개 주인을 '유사 부모'로 여기는 만큼, 몸을 웅크린 채 '어미'의 품 가까이에 있기를 바라는 것은 너무나도 당연한 일이다. 여기서 '어미'가 꼭 여성일 필요는 없다. 개가 남자 주인에게 더욱 애착심을 갖는다면, 남자가 대리모가 되어 몸을 붙이고 잠들 바람직한 대상이 된다. 이쯤 되면 주인 부부의 결혼 관계에 상당한 부담으로 작용하면서,

경우에 따라서는 문자 그대로 갈라져 잠들다 보니 결국 법적으로도 갈라서게 되는 지경에 이르기도 한다.

엄격한 훈련과정을 거치면 침대에 올라오는 것은 막을 수 있지만 그래도 개들은 가능한 한 같은 '무리'인 사람 가까이에서 자려 하는 욕구를 버리지 못한다. 젊은 늑대들은 보금자리를 벗어나 야생 환경에서 자게 될 때 당연히 서로 가까이 붙어 자려 한다. 무리에서 뚝 떨어져 혼자 자는 것은 그 무리에서 두들겨 맞고 쫓겨난 늑대뿐이다. 밤에 주인에게 가까이 접근하지 못하도록 차단당한 개도 자신이 속한 무리에서 쫓겨난 것과 같은 심정일 것이 분명하다. 물론 주위

에 경비견이나 사냥개 무리가 있다면 서로 어울릴 수 있으므로 이런 것이 별다른 문제가 안 될 것이다. 그러나 주인집 애완견으로 혼자 지내고 있다면 왜 잠잘 시간에 자신을 피하고, 또 사람 친구에게 접근하는 것을 막는지 이해하기 어려울 것이다. 결국에 대부분의 가정에서는 타협책을 찾아낸다. 개가 가능한 한 침실 가까이 접근할 수 있게 하되, 취침을 방해하는 성가신 존재가 되지는 않게 하는 것이다.

도그 워칭: 개에 관한 모든 것

몇몇 개들은 왜 관리하기 어려울까?

집에서 기르는 개는 대부분 주인 가족의 생활에 굉장히 잘 적응하지만, 가끔 수캐들 중에서 계속 말썽을 부리는 개가 있다. 이런 개는 약을 올리지 않았는데도 방문객을 물거나 집안에서 오줌을 누고, 주인의 명령을 따르지 않고 제 고집대로 행동한다. 주인 가족이 산책길에 나설 때는 주인이 개를 끌고 가는 것이 아니라 개가 주인을 끌고 간다. 주인이 가는 방향대로 가자고 아무리 목줄을 힘껏 당겨도 완강하게 버틴다. 이런 개는 밥때가 되어도 사료 그릇에 담긴

먹이는 외면한 채 특식을 향한 유혹을 떨치지 못한다. 애완견이 어쩌다 이런 못된 버릇을 갖게 되었을까?

　이런 개를 기르는 주인이 선뜻 받아들이기 어렵겠지만 그 해답은 너무나 명확하다. 이런 부류의 개가 그들 '무리'의 지배적 구성원이 되게끔 용인했기 때문이다. 수컷 늑대는 저마다 무리 안에서 이런 지배적 위치에 오르고자 애쓰는데, 집에서 기르는 개 또한 이런 면에서 늑대와 다르지 않다. 사람은 우선 몸집이 크기 때문에 지배력 다툼이라는 면에서는 개에 비해 굉장한 우위에 있지만 이런 개를 제멋대로 행동하게 내버려 두면 무리를 이끄는 역할을 스스로 맡으려 사람에게 도전할 것이다. 주인과 맞서는 과정에서 한두 차례 이기게 되면 나중에는 자신이 진짜 무리의 우두머리가 되었다고 결론을 내 버린다. 이런 과정에서 주인과 실제로 싸움을 벌일 필요는 없다. 사람인 동료가 어떤 일을 하자고 하는데 개는 다른 일을 하겠다고 고집을 부려 결국 사람이 뜻을 꺾는 식의 그런 단순한 대립에서 승리하는 것만으로도 충분하다. 이처럼 제 뜻을 관철하는 '승리'가 장기간 이어지면 개는 자신이 지배적인 위치에 있다고 생각하고 그에 따라 행동하기 시작한다. 그래서 집안이 '자신의' 영역임을 과시하기 위해 실내에서 오줌을 누고 산책길에 나섰을 때도 주인이 이끄는 대로 움직이는 것이 아니라 '다음에 일어날 일'에 대한 모든 결정은 자신이 한다는 식으로 행동한다. 이를 비정상적인 행동으로 볼 수는 없다. '무리'가 '사냥길'에 나섰을 때 우두머리가 무리를 이끄는 역할을 맡는 것은 지극히 자연스러운 일이기 때문이다. 따라서 개는 출발과 정지를 결정하는 자신의 행위에 이의를 제기하는 주인의 간섭을 이해하지 못한다. 더구나 개는 자신의 주도적 역할 중 하나가 자신의 부하(즉, 인간 친구)를 낯선 사람의 공격으로부터 보호하는 것이라고 믿는다. 개가 문 앞에 다가온 집배원과 우유 배달원, 그 밖의 방문객을 공격하는 것도 그 때문이다.

　개 훈련 전문가들은 규율 훈련을 통해 이런 관리하기 힘든 개를 바로잡을 수 있다. 이런 훈련은 개를 위협해 무리의 위계에서 낮은 서열로 되돌리는 방식인데, 이런 훈련 방식에는 대체로 위험이 따르기 마련이다. 규율 준수와 복종만을 지나치게 강조하다 보면 그 개는 아양만 떨고, 보기 싫을 정도로 순종적이며, 아무런 개성도 찾아볼 수 없는 개로 바뀐다. 따라서 개 훈련에 관한 한, 가능한 한 많은 자유를 주되 필요할 때는 언제나 통제할 수 있는, 그런 행복한 중간지대를 목표하는 것이 바람직할 것이다.

개에겐
왜 며느리발톱이 붙어 있을까?

며느리발톱은 개의 까마득한 옛 조상의 엄지발톱이 남아 있는 흔적이다. 개과(科)에 속한 동물들이 진화 과정에서 달리기에 뛰어난 동물로 특화하기 시작하면서 다리는 길어지고 발톱이 5개에서 4개로 줄어들며 발도 좁아졌다. 야생 개의 경우 뒷다리의 엄지발톱은 완전히 사라졌으나, 앞다리의 엄지발톱은 (발에서) 더는 땅에 닿지 않는 위치에 그 흔적을 남겼다.

이런 발의 구조 변화 덕에 400m 거리에서 여러 차례 측정한 달리기 속도가 시속 56~64km를 기록할 정도로 늑대는 속도 면에서 큰 전환점을 이루었다. 달릴 때 한 차례 도약한 거리를 측정해 보니 5m에 달했다. 장거리 달리기에서 보여 주는 지구력 또한 놀라웠다. 늑대 조상과 가장 흡사한 에스키모 개 허스키는 총 80시간 동안 800km가 넘는 거리를 달리며 썰매를 끄는 것으로 알려져 있다.

달리기에 특화되면 다른 능력은 약해지게 마련이다. 달리기 능력이 강화되면서 무언가를 타고 오르고 점프하는 개의 능력은 약해졌다. 그러나 대상을 추적하는 속도와 끈기가 강화되면서 야생 개들은 대단한 능력을 갖추게 되었고, 이런 능력에 힘입어 뜨거운 열대 지방에서 혹한의 황무지에 이르기까지 전 세계 곳곳에서 살아남는 데 성공했다.

따라서 육상선수처럼 개의 달리기 능력이 발달하는 동안 며느리발톱은 희생자가 되어 퇴화의 길로 접어들어야 했다. 그런데 이것이 사실이라면, 집에서 기르는 많은 품종 개가 이와 정반대의 경향성을 나타내는 것이 이상하다. 사람들은 요즘 개가 늑대나 딩고(오스트레일리아산 들개)에 비해 옛 조상들과 더 많은 점에서 달라졌으므로 뒷발의 '엄지발톱'처럼 앞발의 엄지발톱인 며느리발톱도 모두 사라졌으리라 생각한다. 그러나 현실은 그 반대이다. 요즘 개의 많은 품종은 네다리에 모두 며느리발톱을 달고 있다. 뒷다리 며느리발톱은 앞다리처럼 단단하거나 튼튼하게 붙어 있지 않고 대체로 뼈가 없이 늘어진 조그만 피부 조각으로 다리에 느슨하게 달려 있다. 그러나 그렇다 해도 이런 발톱은 개의 진화 과정에서 약간의 방향전환이 일어난 것으로 볼 수 있다. 뒷다리에 며느리발톱이 있는 품종은 아무리 퇴화했다 한들 그 점에 관해서는 딩고나 늑대보다 옛 조상 개의 모습에 더 가깝다고 할 수 있다. 그렇다면 어떤 연유로 원시 상태로 되돌아가는 현상이 일어나는 것일까?

그 해답은 성숙한 동물에게 유아적 특성이 남아 있는 이른바 유형幼形성숙(동물이 성적으로는 완전히 성숙한 개체이면서 비생식기관은 미성숙한 현상을 말함 - 옮긴이)에서 찾을 수 있다.

이것은 지난 1만 년 동안 사람이 개의 번식을 통제하면서 개에게 일어난 일이다. 이들 개는 사실상 어린 늑대나 다름없다. 이들은 새끼를 낳을 수 있을 만큼 컸지만, 장난하기를 좋아하고 유사 부모(즉, 인간 주인)에 순종하는 등 어릴 때의 행동 양태 중 상당 부분을 그대로 지니고 있다. 또 요즘 많은 품종견에서 볼 수 있는 축 처진 귀 같은, 어린 개의 해부학적 특성도 지

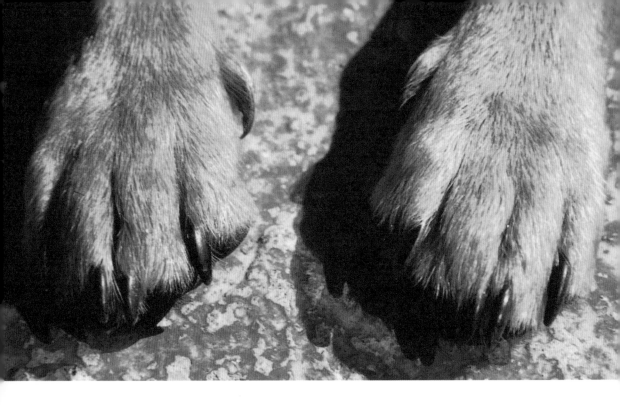

니고 있다. 여분의 며느리발톱을 갖게 된 것도 이런 과정의 한 부분이다. 사람들은 그동안 점점 더 극단적 특성을 강화하는 방향으로 품종을 번식시켜 오늘날 같은 다양한 품종을 만들었다. 그러나 다른 의미에서 보면 이런 품종견들은 원래 모두의 조상이었던, 고도로 특화된 늑대보다도 더욱 원시성을 띠고 있다. 즉, 사람들이 늑대를 개로 만드는 과정에서 시계를 앞으로는 물론, 거꾸로도 돌렸던 셈이다.

한 가지 흥미로운 사실은 개 품종 개량가들이 며느리발톱을 보고 뭔가 잘못되었다고 본능적으로 느낀 나머지, 출생 후 3일에서 6일 사이 그 발톱을 제거해야 한다고 권고한다는 것이다. 이들은 이 발톱을 '진화를 거스른 흐름'으로 보고 바로잡고자 한다. 퇴화한 이런 발톱을 그대로 두면 덤불에 걸려 찢어질 수도 있다는 것이 이들이 내세우는 구실이다. 사실 발톱이 땅에 닿지 않는 다리 안쪽에 붙어 있다는 점을 고려하면 이런 구실은 일어날 리 없는 사고이자 하찮은 변명에 불과하다. 그러나 개의 다리를 '멋있게 잘 다듬고 싶은' 무의식적인 욕구가 이런 지적을 무시하게 만든다(뒷다리에 난 며느리발톱이 품종을 입증하는 기준이 되어 버린 브리아르와 피레니언 마운틴도그같이 몇몇 특수한 품종은 예외이다).

어떤 개는 왜 체구가 매우 작을까?

요즘엔 조그만 개가 아이를 대신하기에 이상적인 탓인지, 원산지와 관계없이 체구가 작은 개가 계속 인기를 끌고 있다. 덩치가 큰 개는 오래 산책을 할 때는 전혀 부족함이 없는 동반자가 되고, '멈춰', '앉아', '가져와'라고 지시하면 명령을 충실하게 따르는 부하 역할을 잘 해내지만, 사람들이 원하는 '아이'다운 특성을 찾아보기는 어렵다. 큰 개는 또 장난기와 상냥함 측면에서 보면 소년다운 면모는 있겠지만 아기 같은 모습을 찾을 수는 없다. 개가 주인의 모성애를 일깨우려면 특별히 조합된 신호를 보내야 하는데, 이런 신호는 체구가 작은 품종의 개가 잘 보낸다.

이를 제대로 이해하려면 사랑하는 부모에게 각별한 호소력을 지닌 아기들의 유아적 속성을 살펴봐야 한다. 먼저, 아기의 체중은 성인에 비하면 얼마 안 된다. 태어날 때는 약 약 3kg에 불과하고 5개월이 지나면 약 6kg, 그리고 생후 12개월이 되면 9kg쯤 된다. 이 정도의 체중에, 체구도 작아 들어 올리고 옮기고 껴안기 수월하다. 또 모든 신체 부위가 어른보다 둥글둥글하고 각진 곳이 적고 한결 부드러워 만지기도 좋다. 얼굴은 납작하고 눈은 다른 신체 부위에 비하면 큰 편이다. 목소리도 고음이다.

이제 다시 조그만 개로 눈길을 돌려 보면 이런 개들은 유아가 가지는 이런 호소력의 표준에 모두 부합한다. 특히 페키니즈 같은 특정 품종들은 모든 표준을 남김없이 충족시키는 것이 분명하다. 몸집이 작은 개는 체중을 기준으로 세 그룹으로 나뉜다. 대략적인 수치로 살펴보면 다음과 같다.

1. 신생아의 체중과 같은 개

   치와와(약 1.8kg), 몰티즈(약 2.3kg), 포메리안(약 2.7kg), 요크셔테리어(약 3.2kg),
   그리펀(약 4kg)

2. 생후 5개월 된 유아와 체중이 같은 개

   페키니즈(약 5.4kg), 시추(약 6.3kg), 킹찰스스패니얼(약 6.8kg), 퍼그(약 7.3kg)

3. 생후 만 1년이 된 유아와 체중이 같은 개

   닥스훈트(약 9.5kg), 코기(약 10kg)

    이런 개들의 체중은 '부모 노릇'을 하는 사람들이 들어 옮기기에 알맞은 수준이다. 또한 이런 품종 중 많은 수의 개는 몸집이 큰 품종의 개보다 더 동글동글하고 부드러워 껴안고 귀여워하기에 더없이 좋다. 이런 개는 거의 모두 큰 개보다 얼굴이 납작한데, 몇몇 품종은 선택교배를 통해 얼굴을 최대한 납작하게 만들어 유아의 옆모습과 거의 비슷해 보인다. 그리펀과 퍼그, 페키니즈종이 이런 부류에 들어간다. 또 몇몇 품종은 눈이 크고 툭 튀어나와 신생아의 눈과 흡사한 모습이다. 이들 품종은 모두 몸집이 작기 때문에 큰 개보다 모두 목소리가 훨씬 높다.

    이런 점을 모두 감안해서 따져 보면 몸집이 작은 품종의 개들(여기서는 단면만 언급됨)은 주인에게 유아적 신호를 강하게 보낼 수밖에 없고, 이런 신호가 주인의 타고난 어버이 본능을 자동으로 촉발시킴에 따라 애완견을 더욱 사랑하고 보호하며 한층 애착심을 갖게 된다. 이런 관계를 비판할 생각은 전혀 없다. 그러나 일부 전문가들은 다른 동물에게 이처럼 많은 사랑을 아낌없이 베푸는 모습에 눈살을 찌푸린다. 이들은 사람들의 새끼 돌보기 노력은 오로지 유아에게만 쏟아져야지 다른 곳에 '낭비'해서는 안 된다고 생각한다. 그러나 기이하게도 이런 생각을 하

는 사람들 스스로는 대체로 부모 노릇을 잘하지 못한다. 아마도 이런 죄책감 때문에 그런 생각을 하는 듯하다. 작은 개에게 아낌없이 관심을 쏟는 사람들은 대체로 자기 자식에게 너무나 훌륭한 부모였기에 부모애가 넘쳐 흐르거나, 어떤 이유에서든 자녀가 없는 사람들이다. 이런 모든 점에 비춰 볼 때 주인과 소형 개의 관계는 서로의 기대를 최대한 충족시켜 줄 잠재력을 갖고 있는 셈이다.

몸집이 작은 개 중 몇몇 품종은 반려견으로 출발했지만, 그 밖의 품종은 각각 다른 이유로 그처럼 작은 비율을 얻었다. 예를 들면, 테리어는 그 명칭에서 알 수 있듯이 땅속에 숨어 있는 해로운 작은 동물을 잡아내기 위해 품종 개량된 '땅개'이다. 이런 용도에는 작은 체구가 필수적인데, 테리어는 '맹렬한 기세로 땅속을 파고들기'에 이상적인 품종으로 알려졌다. 그러나 힘든 일을 부지런히 하도록 품종 개량이 된 테리어는 그 뒤 애견전시회에 등장하고 애완동물로 받아들여지더니, 곧 그들의 작은 몸집이 힘이 덜 필요한 쪽에서 대단한 강점이라는 것을 발견하게 되었다.

어떤 개는 왜
자신의 꼬리를 잡겠다고 맴돌까?

개가 자신의 꼬리를 잡겠다고 꼬리를 쫓아 빠른 속도로 계속 맴도는 모습은 주위에서 흔히 볼 수 있다. 개가 잡힐 듯 잡히지 않는 꼬리를 쫓아 맹렬한 기세로 한동안 맴돌다 보면 어질어질해져 방향을 잃기도 한다. 사람들은 처음에는 개의 이런 어리석은 행동을 재미있게 바라보면서 단순히 놀이의 한 형태려니 하고 생각하다가 나중에는 불안한 느낌이 들게 된다. 그러다

슬슬 이런 행태가 장단 맞추는 게임이라기보다 비정상적 행동이 정형화되어 가는 것처럼 보이기 시작한다. 서글프게도 이런 생각은 실상과 별로 어긋나지 않는다. 대체로 꼬리를 물겠다고 계속 맴을 도는 개의 행위는 계속 부자연스러울 만큼 따분한 상태에 놓인 개에게서 나타나는 반응이기 때문이다.

개는 사회적 동물인 데다, 탐구심도 매우 강하다. 개든 사람이든, 친구라고 생각하는 대상이 없거나 또는 억압적이거나 단조로운 상태로 얽매여 있게 되면 고통스러워한다. 개가 받을 수 있는 최악의 정신적 징벌은 아무런 변화가 없는 매우 제한된 공간에 홀로 갇혀 지내는 것이다. 개가 불운하게도 매우 잔인한 주인을 만나지 않는 한 이런 처지에 놓이는 일은 흔치 않다. 그러나 동물원에 있는 들개들을 보면 종신형을 선고받고 독방 수감자처럼 비좁고 텅 빈 우리에 홀로 갇혀 있는 모습이 자주 눈에 띈다. 이런 동물들을 자세히 살펴보면 '틱 증세'나 판에 박힌 행동, 즉 앞발을 물어뜯고 꼬리를 깨물며 목을 비틀고 왔다 갔다 하고 신체적 손상을 입히는 그 밖의 다른 행동을 반복하는 등 틀에 박힌 행태를 자주 보인다는 것을 알 수 있다. 때로는 이런 틱 증세가 거칠어지면서 곧바로 자신의 살을 계속 깨물어 피부가 헐고 털이 빠지는 비루먹은 개 모습이 되기도 한다. 이런 자기 징벌적 행위가 파괴적으로 비칠 수 있겠으나 다른 한편으로는 참을 수 없이 따분한 연옥 같은 세상에서 잠시 누릴 수 있는 날카로운 자극으로 작용하는 효과도 있다. 꼬리 쫓기는 이런 종류의 행위 중에서 그나마 가벼운 축에 든다.

이런 일은 형제들과 같이 지내다 떨어져 나온 지 얼마 안 된 강아지에게서 자주 볼 수 있다. 다른 가정에 입양되면서 다른 형제들과 활기차게 즐기던 온갖 소란스러운 놀이를 갑자기 빼앗겨 버린 강아지는 새로운 형태의 자극을 찾게 된다. 새 주인이 강아지와 함께 만족스러울 정도로 놀아 주지 않으면 강아지는 '놀이'를 시작하는 데 어려움을 겪게 되고, 자연스럽게 자신의 꼬리가 함께 놀기 가장 좋은 '친구'가 되고 만다. 강박적 행동이 되지 않는다면 이런 꼬리 물기는 아무런 해가 되지 않는다. 홀로 사는 강아지들은 한동안 이런 꼬리 물기를 하다가 자라면서 그런 버릇에서 벗어난다. 개가 다 클 때까지도 그런 버릇이 남아 있을 때는 개의 생활환경에 어떤 결함이 있는 것으로 보고, 주인이나 무리와 상호작용을 할 수 있게 하고 모험적인 상황을 겪게 만드는 것이 꼭 필요하다. 개의 일상생활에서 이런 활동과 경험을 늘려 주는 것만으로도 그런 버릇은 대체로 바로잡을 수 있다.

그러나 유일한 예외가 있다면 꼬리 부위에 잘 낫지 않는 염증이 있어 개가 고통을 겪는 경우다. 이런 염증은 항문 분비샘이 붓거나 꼬리를 짧게 자르는 수술을 잘못 받아 통증이 계속되면서 생긴다. 이 밖에 엉덩이를 끌고 꼬리를 깨무는 식의 다소 특수한 반응도 일어날 수 있다.

어떤 개는 왜 다리가 그렇게 짧을까?

왜 어떤 개는 다리가 그렇게 짧을까? 이런 의문에는 두 가지 (독특한) 압박 요인이 작용한다. 하나는 현실적인 필요성이다. 땅속에 숨은 사냥감을 잡으려면 그 은신처로 개를 들여보내야 하는데, 그러려면 다리가 짧아야 한다. 이런 유형의 전형적인 사례가 닥스훈트종이다. 그 이름 자체가 '오소리잡이 개'라는 의미다. 이 품종은 독일에서 개량된 것으로, 오소리를 쫓아 은신처로 들어가 공격해서 잡아 오는 사냥개다. 다양한 종류의 테리어도 이와 비슷하게 땅굴 들어가기 임무를 수행하도록 선발교배 방법으로 유전적으로 다리를 짧게 만들었다.

중국이 원산지인 페키니즈 같은 품종의 경우에는 '아기 모습 갖추기'의 목적으로 다리 길이가 짧아졌다. 이들 애완견은 아기를 대신하는 역할을 해야 하므로 몸집이 작을 뿐만 아니라 뒤뚱뒤뚱 서툴게 걷는 귀여운 아기처럼 보이려면 다리도 충분히 짧아야 한다. 이런 개는 땅 위에서 멋지게 뛰어다닐 수 없으나 그 표정만은 대상에 집중하는 진지함을 보인다. 그것은 아기가 A에서 B로 가는 불가사의한 과업을 이뤄 내려고 심각하게 집중하며 아장아장 움직이는 모습과 닮았다.

몸집이 작고 다리가 짧은 개는 운동 능력이 부족하므로 땅굴을 파고드는 본래의 개량 목적과는 달리 애완견으로서 특유의 매력을 뽐내는 쪽으로 흘러갔다. 테리어종 중에는 사역견使役犬이 아니라 다른 역할로 굉장한 인기를 끈 품종이 적잖은데, 그중 두드러진 사례가 닥스훈트다. 이런 개는 유전형질 면에서 빠른 속도로 달리고 추적하는 일이 불가능함에도 대형견 못지않은 투지와 열의를 평생토록 간직하고 있다. 비록 체구는 작아졌으나 에너지나 결의는 약화되지 않은 것이다. 사람들은 이처럼 외양상으로는 체구가 작고 보폭이 짧음에도 대형견 못잖은 강한 기질을 타고난 품종에 대해 독특한 매력을 느끼는 모양이다.

귀가 축 늘어진 개들은
왜 그렇게 많을까?

들개의 경우 축 늘어진 귀는 아주 어렸을 때나 볼 수 있다. 애완견의 늘어진 귀는 성견이 되어서도 그대로 남아 있는 어릴 때의 특성 중 하나로, 이런 점은 개가 '소아 상태의 늑대'임을 다시 한번 확인시켜 준다. 그러나 집개 중에도 늑대처럼 귀가 빳빳하게 선 개도 많은 만큼 개의 늘어진 귀가 사람에게 길드는 과정에서 나타난 불가피한 특성이 아닌 것은 분명하다. 그렇다면 수많은 품종견에게서 엿볼 수 있는 늘어진 귀는 어떤 연유로 그대로 유지되고 또 장려되었을까?

이런 의문을 풀어 주는 답변으로는 세 가지가 있다. 첫째, 귀가 축 늘어지면 소리가 나는 방향을 탐지하는 데 지장이 있다는 것이다. 귀가 빳빳하게 선 개는 멀리서 무슨 소리가 들리면 그 방향으로 그들의 큰 귀를 비틀거나 돌려 바스락거리는 소리나 희미하게 들리는 소리의 위

치를 정확하게 포착한다. 귀가 늘어진 개도 소리를 잘 들을 수 있지만 작은 소리가 들려오는 방향을 정확히 포착하는 데는 그리 뛰어나지 못하다. 여러 사냥개 품종의 경우는 이런 취약점을 일부러 조장하는 형태로 개량되었다는 주장이 나오고 있는데, 그 이유는 개가 먼 곳에서 들리는 엉뚱한 소리에 혼동을 일으키지 않도록 청각 대신 시각과 후각에만 의존해 움직이게 만들기 위해서다. 그 때문인지, 냄새를 쫓아 추적하는 데 뛰어난 능력을 발휘하는 블러드하운드 같은 개는 귀가 완전히 축 처져 있다.

귀가 늘어진 개의 두 번째 매력은 이런 개가 순종적인 인상을 준다는 점이다. 사람들은 대부분 개가 화가 나면 귀를 빳빳하게 세우고, 무리에서 서열이 낮은 개는 그런 자기 입지를 나타내는 징표로 귀를 늘어뜨린다고 알고 있다. 귀의 형태만으로 개의 생각이나 감정을 판단하는 것은 제대로 된 분석이라 할 수는 없지만 그럼에도 귀가 늘어진 개가 귀를 빳빳하게 세운 개보다 덜 사나울 것이라는 막연한 느낌을 지울 수 없다.

마지막으로 귀가 늘어진 모습이 사람의 머리와 비슷하다는 점이다. 사람에게는 머리 위로 세울 빳빳한 귀가 없으나 머리 양옆으로 장발이 늘어진 모습은 흔히 볼 수 있다. 사실 겉보기에 긴 귀가 축 늘어진 개의 모습은 늘어뜨린 사람의 머리 타래와 비슷하다. 털이 길고 보드랍고 윤기 나는 아프간하운드 같은 개를 보면 사람을 닮은 모습이 더욱 두드러져 주인으로부터 더 많은 사랑을 받는다.

개 꼬리는 왜 자를까?

많은 개 사육 전문가들은 혈통이 있는 강아지들의 꼬리를 잘라야 한다는 주장을 굽히지 않는다. 점점 더 많은 비평가들이 꼬리 자르기에 반대하는 목소리를 더욱 높이고 있는데도 이런 행태가 계속 이어지는 현실에 대해서는 약간의 설명이 필요하다. 그렇다면 이런 기이한 행위를 처음으로 시작한 사람은 누구이고, 또 개의 특정 신체 부위를 절단하는 일이 필요하거나 바

람직하다고 생각하는 이유는 어디에 있을까?

먼저, 개의 꼬리를 짧게 자르는 행위가 정확히 어떻게 실행되는지 살펴보자. 꼬리 자르기는 보통 태어난 지 나흘쯤 되었을 때 예리한 가위로 강아지의 꼬리 전부나 일부를 자르는 외과적 처치를 뜻한다. 사람이 절단될 지점 바로 위에서 강아지 꼬리를 단단히 붙잡고 꼬리 피부를 강아지 몸쪽으로 당긴다. 그러면 절단 작업이 끝나고 난 뒤 약간 여분의 피부가 늘어지면서 절단 부위를 감쌀 수 있다. 이렇게 하면 출혈을 줄이고 절단 부위를 빨리 낫게 하는 데 도움이 된다.

꼬리 자르기를 할 때는 새끼들의 비명을 듣지 못하도록 어미 개를 현장에서 멀리 떼어 놓는다. 꼬리를 자르고 뒷마무리를 한 뒤에는 새끼들을 곧 어미 곁으로 보내는데, 이때 어미 개는 새끼들의 상처 부위를 핥아 주고 다시 젖을 물린다. 드물긴 해도 꼬리 자르기 과정에서 강아지가 쇼크나 심한 출혈로 숨지기도 하지만 대부분은 그런 처치를 잘 견뎌 내고 이내 젖 빨기에 몰두한다.

미국에서는 거의 모든 동물보호소가 개의 꼬리 자르기 관행을 중단시키는 데 힘을 쏟고 있다. 영국에서는 여러 관련 단체들의 반대에서 불구하고 최근에도 해마다 약 5만 마리의 강아지 꼬리가 잘려 나갔다. 왕립동물학대방지협회는 강아지의 꼬리 자르기 수술을 불법화하는 운동을 벌여 왔고, 왕립수의대학 평의회는 꼬리 자르기를 "정당하지 못한 절단 행위"라고 비판했다. 유럽의회는 개에게 '치료 목적이 아닌' 수술을 하는 행위를 금지해야 한다고 촉구했고, 영국 정부도 유럽의회의 그 같은 촉구를 지지한다고 밝혔다. 이런 꼬리 자르기 수술의 대상이 되는 개는 몸집이 큰 양몰이 개, 올드잉글리시시프도그에서부터 체구가 작은 요크셔테리어에 이르기까지 40여 품종에 이른다.

꼬리 자르기는 이미 1802년에 '야만적인 풍습'이라는 비판을 받았는데, 그런데도 이런 관행이 지속하는 것은 모두 애견전시회의 심사기준 탓이라고 애완견 사육 전문가들은 이야기한다. 애견전시회 주최 측이 내건 심사기준에 꼬리 자르기가 들어 있으므로 자른 꼬리와 같은 특별한 특징 없이는 자신들의 강아지가 챔피언으로 선정되지 못할 것이라고 주장한다. 이런 상황을 개선해야 한다는 사회적 압력이 높아지자 영국애견협회 관계자는 꼬리 자르기는 개 주인의 자의적인 판단에 맡길 문제로서 전통적인 심사기준과 무관하게 온전한 꼬리를 지닌 개에게 벌칙을 적용해서는 안 된다고 공식 입장을 밝혔다. 그에 따라 패션과 미용, 다양한 품종 구성을 위해 꼬리를 자른다는 통상적인 변명은 애견전시회 출전 개들을 관리하는 조직의 관계자로

부터도 더는 공식적인 지지를 받지 못해 꼬리 자르기를 옹호하는 끈질긴 로비 단체들의 활동이 다소 궁지에 빠지게 되었다. 이들은 이런 궁지에서 벗어나기 위해 꼬리 자르기를 옹호하는 다른 명분을 찾기 위해 안간힘을 다했다. 이런 공개적인 논란이 벌어질 당시 어느 개 사육 전문가 두 명이 커서 다른 개와 싸울 때 꼬리가 손상되기 쉬운데 미리 자르면 그럴 염려가 없다는 주장을 내세웠다. 이런 주장은 돌에 엄지발가락이 채일 염려가 있으니 이를 예방하기 위해 아예 다리를 잘라 버려야 한다고 주장하는 것과 다름이 없다.

이보다 훨씬 진지한 주장으로는 작업견이 덩굴 속을 헤치고 나아갈 때 꼬리를 다치기 쉬우니 잘라 줘야 한다는 것이다. 어느 수의사는 이런 변명이야말로 "부질없는 소리"라고 반박한다. 수의사의 사리에 맞는 논평에도 불구하고 덤불을 지날 때 꼬리를 다치기 쉽다는 식의 주장은 역사가 길다. 과거 개들은 요즘보다 자기 밥값을 해야 했을 가능성이 더 크다. 그런 상황에서 사역견들은 일반적으로 꼬리가 짧다는 것만으로도 여러 가지 이점을 누렸다고 한다. 꼬리를 가장 많이 자른 품종으로 알려진 테리어는 해로운 동물을 몰아 내는 역할을 하면서 쥐에게 꼬리를 물릴까 봐 걱정을 많이 하는데, 꼬리를 잘라 내면서 그런 두려움을 덜게 되었다고 한다. 이 또한 환상에 불과함에도 오랜 세월 동안 별다른 의문의 대상이 되지 못했다.

한때 사역견은 사냥개에게 부과되던 세금을 면제받았다. 그 때문에 불운한 개들은 오로지 세금 회피의 수단으로 꼬리가 잘리는 시련을 겪었다. 꼬리 자르기 관행이 광범하게 퍼져 있던 시기에는 거의 시골 마을마다 '강아지 꼬리 절단 기술자'가 있어 소액의 수고비를 받고 이빨로 꼬리를 깨물어 끊어 주었다.

맨 처음에 누가 무슨 이유로 개 꼬리를 잘라야 한다고 생각하게 되었는지는 알기 어렵다. 이런 발상이 어디에서 비롯되었을까? 이 문제를 다룬 대부분의 문헌에서는 그 진짜 기원이 "고대의 안개 속에서 사라지고 말았다"라고 전한다. 다행히도 예외에 속하는 한 가지 문헌이 남아 있다. 전 세계에 걸쳐 개에 관한 가장 오래된 문헌을 찾아 나선 학자들은 1세기 중엽 로마에서 활동했던 콜루멜라라는 농학자가 쓴 책을 찾아냈다. 그는 강아지가 태어나면 4일 뒤에 광견병을 예방하기 위해 꼬리를 끊어 꼬리 힘줄이 튀어나오게 해야 한다고 강조했다. 이런 유별난 예방책이 나온 것은 광견병이 강아지 체내에 있는 벌레 때문에 생긴다고 오해했기 때문이다. 개 꼬리를 물어뜯어 끊게 되면 꼬리 근육 부위의 힘줄이 튀어나오는데, 이것이 번들거리는 흰 벌레들이 서로 엉켜 있는 것처럼 보인 모양이다. 이처럼 불길해 보이는 힘줄 때문에 그 이후 수백 년 동안 몇백만의 강아지 꼬리가 사라지고 말았다. 세월이 흐르면서 예전과 다른 핑계들이 나왔지만 그즈음에는 이미 꼬리 자르기는 개를 관리하는 데 필수불가결한 일인 양, 관행처럼 굳어져 버렸다. 많은 관행이 그러하듯, 꼬리 자르기 관행 또한 본래의 필요성을 뛰어넘어 그대로 이어지고 있다.

꼬리 자르기가 개에게 안겨 주는 불이익은 너무나 명확하다. 먼저, 개의 무리 활동에서 지극히 중요한 구실을 하는 꼬리 신호 방식에 심각한 손상을 입는다. 게다가 꼬리 자르기 시술 방식은 더없이 잔인하다. 이런 점에 비춰 볼 때 까마득한 고대 로마 시절부터 이어져 온 미신과 다름없는 이런 관행을 불법화하기 위해 계속해서 여러 조치를 취하는 것이 당연하다.

개는 왜 다른 사람보다
낯선 사람을 싫어할까?

개는 거의 언제나 주인집에 들어오는 낯선 사람에게 의심의 눈길을 보내면서 맹렬하게 짖거나 쿵쿵거리며 냄새를 맡는다. 어떤 방문자들은 이런 개를 진정시키는 요령을 알고 있지만 그렇지 못한 사람은 개에게 물리기도 한다. 개가 이처럼 달리 반응하는 이유는 무엇일까?

그 해답은 주로 방문자가 내보이는 동작 방식에서 찾을 수 있다. 사람에 따라 어떤 이는 동작이 자연스럽고 부드러우며 매끄럽다. 그러나 어떤 이는 천성적으로 다소 긴장되고 움찔거리는 동작을 보인다. 이런 사람들은 빨리 움직이거나 주저하는 동작을 보이기 쉬운데, 이런 행동이 개의 공격성을 자극하기 쉽다. 개는 그동안의 경험에 비추어 적대적이거나 불안해하는 상대의 행동이 그렇다는 것을 알기 때문이다.

쉽게 흥분하거나 침착하지 못한 사람이 개를 무서워하기까지 하면 상황은 더욱 나빠진다.

이런 사람이 겁이 난다고 움찔하면서 뒤로 물러서면 개에게 나쁜 신호를 줘 사람이 물러난 만큼 앞으로 나가고 또 공격까지 할 수 있다. 개가 짖는다고 뒤로 빠지거나 급히 물러서는 동작을 보이면 개는 곧바로 자신이 우위에 있다고 느끼고 그에 따라 행동하게 된다.

이와 달리 '개를 잘 다룰 줄 아는' 사람은 개에게 인사하는 식으로 응답한 뒤 뒤로 물러서는 것이 아니라 가까이 다가가서 부드러운 손길로 개를 쓰다듬는다. 이렇게 하면 시끄럽게 짖던 개는 이내 꼬리를 살랑살랑 흔들고, 이어 인사를 주고받는 의식이 끝나면 긴장을 풀고 더는 찾아온 손님의 공간을 침해할 생각을 하지 않는다. 그러나 이런 식의 대응은 짖어대거나 꼬리를 흔들면서 껑충껑충 뛰는 개에게만 통한다. 문 앞에서 사람을 맞이한 개가 **빳빳하게** 굳은 표정으로 으르렁거리면서 계속 노려볼 때는 꼼짝하지 말고 가만히 서 있는 식으로 대응해야 한다. 이때는 앞으로 나가지도 말고 뒤로 물러서지도 말고 어서 개 주인이 나와 개를 제지하고 자신을 구해 주기를 바라는 것이 옳다. 이런 태도를 보이는 개는 공격 가능성이 큰 만큼 집 안으로 들어가면 위험하다. 그러나 이런 대응도 안심할 수 없다. 개에게 방문객은 여전히 '낯선 무리의 일원'이라 믿을 수 없기 때문이다. 다행히 개가 외부 침입자를 공격하도록 특별한 훈련을 받은 것이 아니라면 극단적 형태의 적대적 반응을 보이는 경우는 드물다. 대체로 개는 방문객이 찾아오면 짖기만 하고 이리저리 껑충껑충 뛰다가 만다. 그래서 극심한 개 공포증 환자가 아닌 한 개는 사람이 만만하게 대할 수 있는 상대다.

개에게도 육감이 있을까?

개에게도 육감이 있을까? 있다. 그러나 사람들이 일반적으로 상상하는 형태의 육감은 아닐 것 같다. 개의 감수성과 관련된 초자연적인 요소는 찾을 수 없다. 그런 감수성은 모두 생물학적 기전으로 설명할 수 있지만 몇몇 요소는 이제 막 파악 단계에 들어섰을 뿐이다.

예를 들면, 개는 익숙하지 않은 지역을 가로지르며 멀리 떨어진 곳에서도 집으로 돌아가는 길을 찾아낼 수 있다. 이 같은 능력은 개뿐만 아니라 고양이와 다른 여러 종의 동물도 지니고 있다. 개가 이처럼 먼 거리에서도 집을 찾아올 수 있는 것은 지구 자기장의 미묘한 차이와 변화를 식별하는 능력을 갖췄기 때문으로 보인다. 실험적으로 자력이 강한 자석을 개 곁에 두면 이런 능력이 손상되는 것을 보면 이런 주장이 단지 환상이 아님을 알 수 있다. 그러나 수차례 객관적으로 입증된 바와 같이, 개가 어떻게 길 찾는 내비게이션 기능을 체내에 갖출 수 있었는지는 아직도 연구 중이다.

개는 또 지진과 폭풍우를 미리 느낄 수 있는 능력을 갖추고 있다. 곧 폭풍우가 몰아칠 것 같으면 개는 굉장한 공포를 느껴 숨을 헐떡거리면서 집 안 이곳저곳으로 마구 내달린다. 또 무슨 통증이라도 느끼듯이 애처롭게 울면서 몸을 떨기도 한다. 천둥이 치기 시작하면 이런 두려움은 더욱 커지는데, 실제로 세찬 비바람이 몰아치기 전에도 한동안 그런 공포를 엿볼 수 있다. 이런 민감한 반응은 기압의 변화와 함께 정전기 수준의 변동으로도 나타날 수 있다. 요즘에는 이런 행동에 별다른 의미가 없는 것처럼 보이지만 야생에서 생활하던 개의 옛 조상들이 이 같은 기후 변동의 조짐에 걱정하고 두려움을 느끼는 것은 당연했다. 늑대는 은신처나 굴을 선택하는 데 굉장히 신경을 쓴다. 굴이나 은신처를 만들 때는 경사진 곳을 선택해 물에 잠길 위험을 최소화하지만 그래도 폭우가 엄청나게 쏟아지면 굴 안에 있는 어린 새끼들이 크게 위험해질 수 있다. 천둥이 칠 때 집개들이 집 안 이곳저곳을 내달리는 것은 굴 안의 침수 위험에 대비하는 새끼 늑대들의 행동을 그대로 좇는 것으로 볼 수 있다.

어떤 사람은 매우 드문 일이긴 하나 집에서 기르는 애완견이 "유령을 보았다"라고 주장한다. 이런 사람들은 여름날 저녁 애완견을 데리고 산책길에 나서 들판을 가로질러 가는데, 개가 갑자기 걸음을 멈추고 얼어붙은 듯이 꼼짝도 하지 않았다고 말한다. 이때 개는 잔뜩 긴장한 모습으로 아무것도 보이지 않는 공간을 응시하는데, 어깨 부위의 털은 솟아오르고 등을 낮추는 자세를 취한다. 뒤이어 으르렁거리거나 깽깽거리기 시작하고 주인이 목줄을 당겨 끌고 가려 해도 꼼짝도 하지 않는다. 그러다가 애초에 긴장된 자세를 느닷없이 취했던 것처럼 갑자기 긴장을 풀고 앞으로 걸어간다. 이런 순간을 지켜본 사람들은 개가 드러낸 반응의 강도를 좀처럼 잊지 못하는데, 이런 점에 비춰 볼 때 개가 "유령을 보았다"라고 주장하는 이유를 어느 정도 이해할 수 있다. 그러나 사실 이런 경우는 개가 유별나게 강한 냄새를 풍기는 동물의 배설물을 발견했을 때 보이는 반응일 가능성이 크다. 이런 배설물은 다른 개가 아니라 여우나 족제비 같은 다른 동물의 것이다. 개의 예민한 후각을 자극하는 이런 배설물의 특이하고도 강한 냄새는 개의 유별난 반응을 자아내는 데 부족함이 없다.

개에게 '육감'이 있음을 뒷받침하는 가장 놀라운 주장 중 하나는 최근 어느 연구진이 내놓은 보고인데, 이들은 개의 코에 적외선 탐지 기능이 있음을 알아냈다고 한다. 이런 보고는 일부 품종의 개에게 '초자연적인' 능력이 있다는 지난날의 주장을 규명해 줄 수 있는 내용이다. 예를 들면, 세인트버나드종은 단순히 눈 위에서 냄새를 맡는 것만으로 눈사태에 파묻힌 등산가의 생존 여부를 알아낼 수 있다고 한다. 개의 코에 예민한 열 감지 기능이 있다면, 이것이 무리한 주장은 아닐 것이다. 더구나 일부 뱀의 코 부위에도 이런 열 감지 기능이 있다는 사실은 오래 전부터 널리 알려졌다. 뱀은 이런 기능을 활용해 조그만 온혈 사냥감의 존재를 찾아낸다. 동물의 세계에 그런 기능이 조금이라도 있다면 개에게도 그런 기능이 없으리란 법이 없다.

개가 짖으면 누군가가 죽게 된다는 것을 사람들은 왜 믿게 되었을까?

개가 평소와 달리 이상하게 짖는 것은 누군가가 곧 죽는 흉사를 예고하는 것이라는 미신은 오랜 옛날부터 전해져 내려왔다. 개에게 특히 어떤 재난이 다가오고 있을 때 앞일을 내다볼 수 있는 불가사의한 능력이 있다는 것이었다. 그러나 그 뒤에 실제 벌어진 재난을 개 탓으로 돌리거나 죽음과 연관된 점을 들어 개를 불길한 동물로 보지도 않았다. 오히려 개는 임박한 위험을 주인에게 알리기 위해 안간힘을 다한 '사람의 가장 충실한 벗'으로 인식되었다.

어느 권위 있는 전문가는 이런 불가사의한 해명을 받아들이지 않고 문제의 개들이 광견병에 걸려 그런 행동을 한다는 주장을 내세웠다. 개가 광견병에 걸리면 심하게 짖거나 낑낑거리고, 또 사람이 흘려들을 수 없는 기이한 소리를 낸다. 이런 개가 주인을 감염시켜 죽게 만들면 그 소식을 들은 사람들은 개가 기이한 소리를 낸 지 얼마 안 되어 개 주인이 불행을 맞았다는 소리를 주변으로부터 듣게 된다. 질병의 감염 경로가 밝혀지기 이전 시대에 어떤 식으로 개의 울부짖음과 인간의 죽음을 연결해 불길한 징조로 해석하는지 쉽게 알 수 있다.

사람들은 왜 숙취를
'개털'로 다스리려 할까?

전날 밤 술을 많이 마신 뒤 아침에 일어나 간단히 해장술 한잔을 마시면 숙취를 푸는 데 도움이 된다는 이야기가 있다. 괴로움을 유발한 요인으로 괴로움을 다스린다는 이런 그릇된 인식은 개에게 물린 상처의 초기 치료법에도 그대로 나타난다. 18세기에 『광견병 치료법』을 펴낸 이는 "개에게 물렸을 때는 상처를 입힌 개의 털을 잘라 상처 부위에 붙이는 치료법을 권장한다"라고 기술했다. 저자는 이런 방법이 상처를 치료하는 데 도움이 된다고 진심으로 믿었겠으나 오늘날 술자리에서 만취한 사람이 "자신을 깨문 개의 털"이 고통을 가리는 것 이상의 도움을 줄 거라고 진정으로 믿었을지는 의문이다.

길쭉한 빵에 뜨거운 소시지를 끼운 음식을
왜 핫도그라고 할까?

    핫도그가 한때 그 안에 개고기를 넣었기 때문에 그런 이름을 얻었다는 이야기는 아무 근거 없는 헛소문이지만, 이런 소문 때문에 오래전 핫도그 매출에 큰 손실이 발생한 일이 있었던 것은 사실이다. 핫도그는 해리 M. 스티븐스라는 미국인이 만들어 낸 음식이다.

    그는 20세기로 넘어갈 즈음 뉴욕 자이언츠팀이 미식축구 경기를 벌인 야구 경기장에서 수많은 관중에게 끼니를 때울 음식을 파는 일에 종사했다. 당시 따끈한 프랑크푸르트 소시지가 새로운 음식으로 큰 인기를 끌었는데, 경기장의 정면 관람석 일대를 돌면서 음식을 팔기에는 너무 성가셨다. 그때 스티븐스는 길쭉하고 따뜻한 롤빵 안에 이 소시지를 끼워 넣는 아이디어를 생각해 냈고, 이것은 곧바로 성공을 거두었다. 이제 행상들은 관람석 사이를 누비고 다니면서 이 새로운 식품을 팔기 시작했다.

처음에 이 식품은 '레드핫츠'로 불렸다. 스티븐스가 갓 조리한 소시지를 따끈따끈한 롤빵에 끼우고 그 위에 매운 겨자를 넉넉하게 뿌렸기 때문이다. 그런데 1903년 유명한 스포츠 만화가 '태드(T. A. 도건)'가 롤빵 안에 들어 있는 프랑크푸르트 소시지를 닥스훈트로 묘사하는 그림을 그렸다. 닥스훈트의 허리와 소시지가 다 같이 길고 붉은색인 데다 독일산이라는 사실에 착안한 것이었다. 이처럼 핫도그라는 이름을 만들어 낸 것은 이 만화였는데, 이 이름이 곧바로 널리 퍼졌다.

그러다 어떤 사람이, 소시지를 만들 때 정말 개고기를 얼마간 섞기 때문에 핫도그라는 이름을 붙였느냐고 질문을 던지면서 역풍이 불어 판매량이 급감했다. 상황이 매우 심각해지자 현지 상업회의소가 핫도그라는 용어를 일체의 광고에서 쓰지 못하게 하는 내용의 공식 성명을 발표하기에 이르렀다. 그러나 핫도그라는 멋진 명칭을 쓰지 못하도록 오랫동안 억누를 수는 없었고 결국 슬금슬금 다시 쓰이게 되었다. 오늘날에는 그 이름이 전 세계에 널리 알려지게 되었다.

사람들은 왜 '복중'이라는 말을 쓸까?

복중伏中은 여름철 가장 무더울 때인 7월 3일부터 8월 11일까지의 시기를 가리킨다. 이 시기에는 날씨가 무덥고 공기는 숨이 막힐 듯 답답하다. 사람들은 가장 무더운 시기를 왜 개와 연관시키는지 종종 어리둥절해한다. 둘 사이의 연관성이 어디에 있는지 모호하므로 사람들이 어리둥절해하는 것도 무리는 아니다.

그 연원을 따지자면 로마 시대까지 거슬러 올라간다. 당시에는 연중 이 기간에 시리우스, 즉 개의 별인 천랑성이 태양열에 자체 열기를 더해 이례적일 만큼 기온을 높게 끌어올린다고 믿었다. 사람들은 이 기간을 개의 날들, 즉 복중이라고 불렀다.

여름이 되면 천랑성이 태양열에 자체의 열기를 더한다는 주장은 당연히 터무니없는 생각이다. 천랑성은 태양과 지구 사이의 거리보다 54만 배나 멀리 떨어져 있기 때문이다. 그러나 최소한 로마 사람들은 천랑성의 열기만큼은 정확하게 추정했다. 요즘 확인된 사실이지만 천랑성의 표면 온도는 1만 도로서 태양보다 약 두 배 정도 더 뜨겁다.

사람들은 복중이라는 용어의 어원이 개의 별(천랑성)에서 유래되었다는 것을 잘 몰랐으므로, 개들이 더위로 미쳐 날뛸 정도로 무더위가 기승을 부르는 때를 두고 '복중'이라고 일컫는다고 잘못 추측했다. 사실 어떤 개들, 특히 지중해 일대에 살던 개들은 더위에 엄청나게 시달렸다. 그러나 특정 시기의 무더위와 개를 연관시킨 이 용어는 그저 나중에 생각해 낸 것일 뿐이다.

두 시간 동안의 선상 당직을
도그 워치라고 부르는 이유는 무엇일까?

개와 아무 관련이 없는 일반 용어에 '도그'가 들어간 사례를 하나 더 살펴보자. 선박에서 하는 도그 워치, 즉 절반 당직은 두 시간 단위다. 정상적인 당직 근무시간은 4시간이다. 이런 형태의 단축 당직은 식사시간 중 식당이 너무 복잡해지는 것을 피하거나 또는 저녁 시간의 당직 근무를 정상근무 시간의 절반으로 쪼갬으로써 같은 사람이 매일 밤 같은 시간에 당직을 서는 것을 피하기 위해서 만들어졌다. 이런 근무의 본래 공식 명칭은 '단축 당직docked watches'이었으나 이내 '단축'이라는 의미의 'docked'가 '개'라는 의미의 'dog'라는 약칭으로 바뀌어 '도그 워치'가 되었다. 이렇게 명칭이 바뀐 것은 꼬리를 '자른docked' 개들이 대단히 많았다는 사실과 어느 정도 연관성이 있는 듯하지만 이보다는 간단한 생략형으로 줄여 쓴 것이 그대로 정착되면서 마침내 일반적인 용어로 굳어졌다고 보는 것이 더 타당해 보인다.

지은이 데즈먼드 모리스 Desmond Morris

영국 출신의 세계적인 동물학자이자 생태학자. 1928년 영국 윌트셔주 퍼턴에서 태어나 버밍엄 대학교에서 동물학을 전공하고, 옥스퍼드 대학교에서 동물행동학으로 박사 학위를 받았다. 『털 없는 원숭이』로 세계적인 화제를 불러일으켰고 동물행동학 보급에 크게 이바지했다. 지금까지 40여 권의 저서를 출간했고, 그중 다수가 한국어로 출간되었다. 『털 없는 원숭이』, 『피플 워칭』, 『벌거벗은 여자』, 『보디 워칭』 등 주로 동물행동학의 관점으로 인간의 신체와 행동을 논한 저서와 『예술적 원숭이』, 『고양이는 예술이다』 등 예술에 대한 관심을 바탕으로 책을 썼다. 그는 이후 초현실주의 화가로 오랜 세월 활동해 온 경험을 토대로 『초현실주의자들의 삶』을 출간했다.

옮긴이 홍수원

고려대학교를 졸업하고 《경향신문》 외신부 기자와 《한겨레신문》 논설위원을 거쳐 전문 번역가로 활동하고 있다. 옮긴 책으로 『중국의 붉은 별』(공역), 『담대한 희망』, 『메가트렌드 아시아』, 『세계 없는 세계화』, 『제국의 패러독스』, 『소프트파워』 등이 있다.

도그 워칭
개에 관한 모든 것

1판 1쇄 인쇄   2022년 7월 8일
1판 1쇄 발행   2022년 7월 15일

지은이   데즈먼드 모리스
옮긴이   홍수원
펴낸이   조추자
펴낸곳   도서출판 두레
등 록   1978년 8월 17일 제1-101호
주 소   서울시 마포구 독막로 100 세방글로벌시티 603호
전 화   02)702-2119(영업), 02)703-8781(편집)
팩스 / 이메일   02)715-9420 / dourei@chol.com

ISBN 978-89-7443-150-1 03490